中等职业教育"十二五"规划教材

可编程控制器原理与应用

周旭 主编
李江玲 张略 罗荣 副主编

国防工业出版社
·北京·

内 容 简 介

本书按照教育部新颁中等职业技术学校机电技术、电气技术、机械制造与控制、电气运行与控制等专业教学指导方案设置的课程《可编程控制器技术》的教学要求进行编写。

本书以日本三菱公司出品的 FX 系列 PLC 为对象，结合生产实际，以项目任务为引导，从 PLC 的功能和工作原理入手，介绍了 PLC 的内部结构、外部电路的设计、软元件的使用、基本指令及编程方法、应用系统设计的步骤、方法等。

作为项目式教材，全书图文并茂、实例丰富、层次清晰，具有较强的实用性、较高的使用及参考价值。本书可作为中等职业学校机电一体化、机械制造与控制、电气自动化、电子技术与应用、电气运行与控制等专业学生的项目教学教材，工厂电气控制人员等的自学书籍，也可供相关专业的工程技术人员作为参考书籍使用。

图书在版编目(CIP)数据

可编程控制器原理与应用/周旭主编.—北京：国防工业出版社，2011.6(2022.1重印)
中等职业教育"十二五"规划教材
ISBN 978-7-118-07428-4

Ⅰ.①可… Ⅱ.①周… Ⅲ.可编程序控制器—中等专业学校—教材 Ⅳ.①TP332.3

中国版本图书馆 CIP 数据核字(2011)第 099431 号

※

国防工业出版社出版发行
（北京市海淀区紫竹院南路 23 号　邮政编码 100048）
北京凌奇印刷有限责任公司印刷
新华书店经售

*

开本 787×1092　1/16　印张 12¾　字数 314 千字
2022 年 1 月第 1 版第 3 次印刷　印数 6001—6500 册　定价 33.00 元

（本书如有印装错误，我社负责调换）

国防书店：(010)88540777　　书店传真：(010)88540776
发行业务：(010)88540717　　发行传真：(010)88540762

前　言

项目教学法萌芽于欧洲的劳动教育思想,提出教育必须以学生的发展为本,最大限度地发挥学生的能力,构成倡导项目教学法的思想背景。在《教育部关于进一步深化中等职业教育教学改革的若干意见》【2008】8号文中也指出"深化课程改革,努力形成就业导向的课程体系。推动中等职业学校教学从学科本位向能力本位转变。以培养学生的职业能力为导向,调整课程结构、加强学生职业技能培养,要高度重视实践和实训教学环节。突出'做中学、做中教'的职业教育教学特色。课程内容要紧密联系生产劳动实际和社会实践,突出应用性和实践性",为职业教育的专业教学内容、教学方法的改革提出了指导性意见。本书采用项目教学的教育思想,以教育部新颁教学大纲为依据,以就业为导向,按照《意见》总体要求进行编写。同其他可编程控制器教材相比,本书具备以下特点:

1. 编写思想的"本位化"。全书贯穿能力本位理念。即以基本理论知识为基础,强调操作技能、职业道德和良好的团队合作意识等综合能力的培养。

2. 编写风格的"项目化"。全书以9个项目中22个任务为驱动,每个项目包含"项目情景展示"、"项目学习目标"、"工作任务"、"知识链接"和"项目学习评价小结"5个模块。通过项目任务的实现来引导完成理论知识的学习,反过来通过理论知识的掌握来思考实践或操作中的科学性,充分体现出"做中学、做中教"的教学方式。不但颠覆了传统的教材编写风格和教学模式,而且将学生对单一知识的被动学习改成了对实际操作技能的主动探究。

3. 任务实施的"弹性化"。考虑到中等职业技术学校的投入不均衡、教学设备参差不齐等现状,在项目选取上,作者严格对每一个项目任务进行成本估算,对部分要求较高的项目在保证知识技能掌握的前提下做出一定的调整(项目八和项目九中均得到体现)。既保证了项目任务的顺利实施,也实现了对新知识、新技能的掌握。

4. 知识内容的"简单化"。针对目前中等职业学校学生的认知水平及学习特点,本书通过图文并茂的形式将一些复杂的知识简单化,将一些较难的实例配以注释,简单直观,便于理解。

5. 技术应用的"实用化"。本书重在PLC技术应用,不但设计出9个学习项目,而且每个项目均精选出大量工程实例。对于PLC的学习,这些例子不但具有典型性,而且为以后的工作奠定了良好的理论及实践基础,具有较高的实用价值。

本书由四川机电技术学校周旭任主编,并完成全书的统稿及修订;成都技师学院李江玲、大连庄河职教中心张略、四川大英县中等职业技术学校罗荣任副主编。具体分工如下:周旭编写项目一、项目三、项目七、项目八;李江玲编写项目五和项目六;张略编写项目二和项目四;罗荣编写项目九。在本书编写过程中,得到了相关中职学校领导、行业内专家的大力支持和帮助,大连庄河职教中心贾士伟对编写内容提出了很多宝贵意见。另外,本书在编写过程中参考了国内外部分专家的论文和著作,许多PLC生产厂家的技术资料,在此一并表示感谢。

另附教学建议学时表如下,在项目实施过程中教师可进行参考,并根据具体情况进行调整。

学时分配参考表(建议每周 6 学时)

序　号	教学内容	建议学时
项目一	初识 PLC	8
项目二	利用 PLC 的软元件实现时间控制	14
项目三	输送带与自动门的 PLC 控制	14
项目四	三相交流异步电动机的 PLC 控制	10
项目五	顺序控制	16
项目六	多种操作方式下的 PLC 控制	14
项目七	常用功能指令的应用	16
项目八	PLC 在工业控制中的应用	20
项目九	PLC 在触摸屏中的应用	8
总学时		120

由于编写时间仓促,加之作者水平有限,文中难免出现错误和不足,恳请广大读者提出批评和修改意见。

编　者

目 录

项目一 初识 PLC 1

 任务 利用 PLC 实现用按钮控制一盏灯 2
 知识链接一 PLC 的基本认识 4
 知识链接二 PLC 的基本结构及工作原理 5
 知识链接三 PLC 控制与传统继电器控制的区别 8

项目二 利用 PLC 的软元件实现时间控制 13

 任务一 利用定时器实现一盏灯的时间控制 14
 知识链接一 FX 系列 PLC 的基本接线方式 15
 任务二 利用定时器实现闪烁控制 21
 任务三 利用定时器实现彩灯控制 23
 知识链接二 PLC 基本配置 26

项目三 输送带与自动门的 PLC 控制 37

 任务一 利用 PLC 实现对输送带的控制 37
 知识链接一 FX 系列可编程控制器基本指令介绍 41
 任务二 综合运用典型电路实现自动门控制 48
 知识链接二 典型的单元电路(编程实例) 51
 知识链接三 梯形图编程规则介绍 57

项目四 三相交流异步电动机的 PLC 控制 62

 任务一 T68 镗床的 PLC 电气化改造 62
 知识链接一 三相异步电动机丫－△降压启动 64
 任务二 锅炉设备的 PLC 控制 70
 任务三 PLC 控制工作台实现手动与自动往复运动 72
 知识链接二 三相异步电动机常见控制 75

项目五 顺序控制 84

 任务一 气动机械手的 PLC 控制 85
 知识链接一 顺序控制设计方法 89

  任务二 工业现场的顺序控制 …………………………………………………… 91

  知识链接二 选择序列分支和并行序列分支相关知识 ………………………… 94

项目六 多种操作方式下的 PLC 控制 …………………………………………… 97

  任务 多种操作方式控制下的气动机械手控制 ………………………………… 97

  知识链接 PLC 各类指令在多种操作方式下的应用 ……………………………… 101

项目七 常用功能指令的应用 …………………………………………………… 107

  任务一 程序控制指令的应用 …………………………………………………… 107

  任务二 移位指令的应用 ……………………………………………………… 109

  任务三 数据比较指令的应用 …………………………………………………… 111

  任务四 其他功能指令的应用 …………………………………………………… 114

  知识链接 FX 系列功能指令介绍 ………………………………………………… 116

项目八 PLC 在工业控制中的应用 ……………………………………………… 133

  任务一 运料小车自动往返控制 ………………………………………………… 134

  任务二 PLC 在液体混料罐中的控制 …………………………………………… 136

  任务三 液压工作台的 PLC 控制 ………………………………………………… 138

  任务四 饮料灌装生产流水线（四级皮带轮）的 PLC 控制 ………………………… 141

  任务五 PLC 在三面铣组合机床控制系统中的应用 ………………………………… 144

  知识链接 工业控制中的 PLC 系统设计 ………………………………………… 148

项目九 PLC 在触摸屏中的应用 ………………………………………………… 155

  任务 制作一个最简单的工程 …………………………………………………… 155

  知识链接 触摸屏和组态 …………………………………………………………… 163

附录 A 手持式 FX-20P 型编程器 …………………………………………………… 172

附录 B FXGP-WIN 编程软件的使用 ………………………………………………… 176

附录 C GX-DEVELOPER7 中文版编程软件 ……………………………………… 183

附录 D 常见 PLC 常用指令对照表 ………………………………………………… 190

附录 E 常用电气图形与文字符号 ………………………………………………… 191

项目一 初识 PLC

项目情景展示

PLC 是一种以逻辑和顺序方式控制机器动作的控制器。如果一台设备是按照计划动作的,那么就说人们在控制这台设备。

如图 1-1 所示为一台 PLC 在控制执行工作的设备。从图上可以看出,独立连接在 PLC 上的开关、按钮或传感器等输入设备通过 PLC 预先设定的程序控制相应的输出设备(如灯、蜂鸣器、电磁阀、直流电机等)动作。

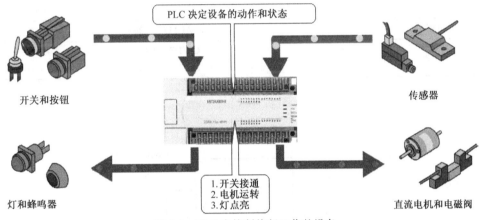

图 1-1 PLC 在控制执行工作的设备

PLC 的开关控制包含了输入、输出以及两者之间的逻辑关系。例如开关闭合灯闪烁、按钮按下电机运行、检测信号输入直流电机动作等。这些输入/输出设备逻辑关系的确定就是通过相应的控制程序实现的。

输入/输出设备是构成 PLC 控制系统的基本元素,掌握它们的接线方法进而弄清 PLC 的工作原理是学习 PLC 的基础。本次项目教学及训练目的是在认识 PLC 的基本概念和工作原理基础上,对 PLC 的输入输出电路进行学习和实际操作练习,为后面 PLC 控制系统的整体设计奠定良好的理论和技术基础。

项目学习目标

	学习目标	学习方式	学时分配
技能目标	1. 熟悉 PLC 硬件接线方式。 2. 掌握三菱 PLC 编程软件的使用方法	讲授、实际操作	4
知识目标	1. 掌握 PLC 的基本组成结构。 2. 掌握 PLC 的工作过程及原理。 3. 掌握 PLC 的等效电路。 4. 弄清 PLC 控制与传统继电器控制的区别	讲授	4

任务　利用 PLC 实现用按钮控制一盏灯

1. 搭建硬件电路

通过一个简单的工作任务来认识 PLC 是如何实现控制功能的。现场所需器材有：
①PLC 一台：三菱 FX1S-30MR。
②手持式编程器一台：FX-20P-E。
③通信电缆：FX-20P-E。
④其他电器如表 1-1 所列。
⑤PLC 硬件电路连接图如图 1-2 所示。

表 1-1　I/O 分配表

元　件	对应 PLC 端子	电路符号/元件型号	功能
输入继电器	X0	SB1/LA19 绿色	开灯按钮
	X1	SB2/LA19 红色	关灯按钮
输出继电器	Y0	HL/AD11/AC220V	灯
其他低压电器		QS/DZ47-C10	电源开关
		FU/RT18/5A	熔断器

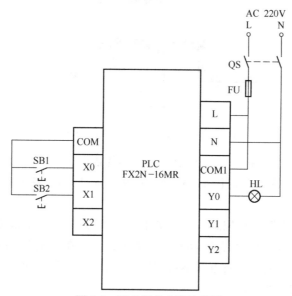

图 1-2　PLC 硬件电路连接图

2. 参考程序

①梯形图程序如图 1-3 所示。
②指令表程序如下：

```
0    LD     X000
1    OR     Y000
2    ANI    X001
3    OUT    Y000
4    END
```

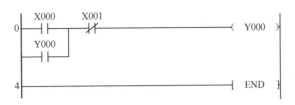

图 1-3　梯形图程序

3. 工作过程（建议学生 2 人~3 人一组合作完成）

①按照图 1-2 所示电路，完成硬件接线（建议将所有元器件安装在一块实验板上）。

②合上 QS，将图 1-3 所示程序分别输入到 PLC 中（该步需要指导老师集中示范讲解 PLC 编程软件的基本使用方法（参见附录 D 和 E）并检查各组所装电路的正确性）。

③将 PLC 运行模式拨动开关拨到 RUN 位置，使 PLC 进入运行模式。

④在监控模式下，分别按下按钮 SB1、SB2 观察彩灯的变化情况，并在表 1-2 空白处将结果填写出来。

表 1-2　调试动作表

操作动作	PLC 内部继电器通断情况	彩灯变化情况
按下 SB1		
按下 SB2		
同时按下 SB1、SB2		

⑤在保证硬件电路不变的情况下，将所编写的梯形图程序换成图 1-4 所示内容，传输到 PLC 再看看表 1-2 的结果是否发生变化。

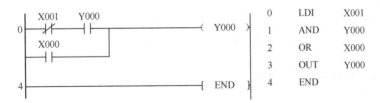

图 1-4　梯形图程序转换为另一种形式

4. 收获与体会

通过上面的项目任务，我们了解了可编程控制器在控制上的灵活性。项目任务中实际上是用两个按钮通过可编程控制器来控制一盏灯。在硬件电路不变的情况下，将可编程控制器内部输入继电器 X 与输出继电器 Y 的逻辑关系变化一下控制结果会相应发生改变。在保持程序不变的情况下，将硬件电路变成用两个按钮控制一个交流接触器就能够实现对交流电机的控制，再变成用两个按钮或传感器信号控制一个单电磁阀就能够实现对单活塞汽缸的控制，等等。

因此在刚接触可编程控制器时，需要掌握可编程控制器的基本工作原理及其接线方式，为以后能够实现更多的控制动作创造良好的硬件平台。同时也要充分认识到 PLC 与其他控制方式相比，具有灵活性和方便性。

知识链接一　PLC 的基本认识

知识点 1　PLC 的相关基本知识

1. 什么是 PLC

可编程控制器(Programmmble Logic Controller)简称 PLC,它是在电器控制技术和计算机技术的基础上开发出来的,并逐渐发展成为以微处理器为核心,把自动化技术、计算机技术、通信技术融为一体的新型工业控制装置。

目前,PLC 已被广泛应用于各种生产机械和生产过程的自动控制中,成为一种最重要、最普及、应用场合最多的工业控制装置。

2. PLC 的产生与发展

在可编程控制器出现前,在工业电气控制领域中,继电器控制占主导地位,应用广泛。但是电器控制系统存在体积大、可靠性低、查找和排除故障困难等缺点,特别是其接线复杂、不易更改,对生产工艺变化的适应性差。

①产生:1968 年美国通用汽车公司为适应汽车型号不断更新、生产工艺不断变化的需要,实现小批量、多品种生产,希望能有一种新型工业控制器,它能做到尽可能减少重新设计和更换电器控制系统及接线,以降低成本、缩短周期。于是就设想将计算机功能强大、灵活、通用性好等优点与电器控制系统简单易懂、价格便宜等优点结合起来,制成一种通用控制装置,而且这种装置采用面向控制过程、面向问题的"自然语言"进行编程,使不熟悉计算机的人也能很快掌握使用。

1969 年美国数字设备公司(DEC)根据美国通用汽车公司的这种要求,研制成功了世界上第一台可编程控制器,并在通用汽车公司的自动装配线上试用,取得很好的效果。从此这项技术迅速发展起来。

②发展:20 世纪 80 年代以后,随着大规模、超大规模集成电路等微电子技术的迅速发展,16 位和 32 位微处理器应用于 PLC 中,使 PLC 得到迅速发展。

知识点 2　PLC 的特点与应用领域

1. PLC 的特点

(1)可靠性高、抗干扰能力强

可靠性高、抗干扰能力强是 PLC 最重要的特点之一。

①硬件方面。I/O 通道采用光电隔离,有效地抑制了外部干扰源对 PLC 的影响;对供电电源及线路采用多种形式的滤波,从而消除或抑制了高频干扰;对 CPU 等重要部件采用良好的导电、导磁材料进行屏蔽,以减少空间电磁干扰。

②软件方面。PLC 采用扫描工作方式,减少了由于外界环境干扰引起的故障;在 PLC 系统程序中设有故障检测和自诊断程序,能对系统硬件电路等故障实现检测和判断。

(2)编程简单、使用方便

目前,大多数 PLC 采用的编程语言是梯形图语言,它是一种面向生产、面向用户的编程语言。梯形图与电器控制线路图相似,形象、直观,不需要掌握计算机知识,很容易被广大工程技术人员掌握。当生产流程需要改变时,可以现场改变程序,使用方便、灵活。同时,PLC 编程器的操作和使用也很简单。

(3)功能完善、通用性强

现代PLC不仅具有逻辑运算、定时、计数、顺序控制等功能,而且还具有A/D和D/A转换、数值运算、数据处理、PID控制、通信联网等许多功能。同时,由于PLC产品的系列化、模块化,有品种齐全的各种硬件装置供用户选用,可以组成满足各种要求的控制系统。

(4)设计安装简单、维护方便

由于PLC用软件代替了传统电气控制系统的硬件,控制柜的设计、安装接线工作量大为减少。PLC的用户程序大部分可在实验室进行模拟调试,缩短了应用设计和调试周期。在维修方面,由于PLC的故障率极低,维修工作量很小。

(5)体积小、重量轻、能耗低

由于PLC采用了集成电路,其结构紧凑、体积小、能耗低,因而是实现机电一体化的理想控制设备。

2. PLC的应用领域

目前,在国内外PLC已广泛应用于冶金、石油、化工、建材、机械制造、电力、汽车、轻工、环保及文化娱乐等各行各业,随着PLC性能价格比的不断提高,其应用领域不断扩大。从应用类型看,PLC的应用大致可归纳为以下几个方面:

(1)开关量逻辑控制

利用PLC最基本的功能实现逻辑控制,可以取代传统的继电器控制。

(2)运动控制

大多数PLC都有拖动步进电机或伺服电机的单轴或多轴位置控制模块。这一功能广泛用于各种机械设备,如对各种机床、装配机械、机器人等进行运动控制。

(3)过程控制

PLC可实现模拟量控制,而且具有PID控制功能的PLC可构成闭环控制,用于过程控制。这一功能已广泛用于锅炉、反应堆、水处理、酿酒以及闭环位置控制和速度控制等方面。

(4)数据处理

现代的PLC都具有数学运算、数据传送、转换、排序和查表等功能,可进行数据的采集、分析和处理,同时可通过通信接口将这些数据传送给其他智能装置,如计算机数值控制(CNC)设备,进行处理。

(5)通信联网

PLC的通信包括PLC与PLC、PLC与上位计算机、PLC与其他智能设备之间的通信,PLC系统与通用计算机可直接或通过通信处理单元、通信转换单元相连构成网络,以实现信息的交换,并可构成"集中管理、分散控制"的多级分布式控制系统,满足工厂自动化(FA)系统发展的需要。

知识链接二　PLC的基本结构及工作原理

知识点1　PLC的基本结构

1. 整体式PLC

小型PLC一般采用整体式结构。基本结构如图1-5所示,三菱FX2N-48MR型PLC采用此结构,如图1-6所示。

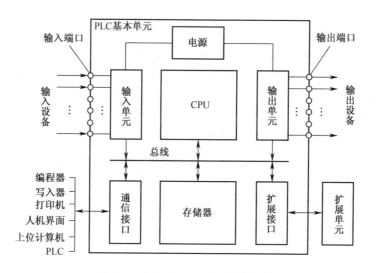

图 1-5　整体式 PLC 基本结构框图

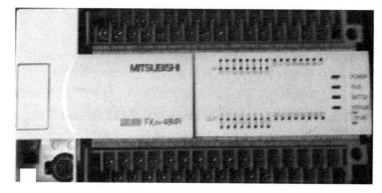

图 1-6　FX2N-48MR 型 PLC

2. 模块式 PLC

将 PLC 各组成部分,分别做成若干个单独的模块,如 CPU 模块、I/O 模块、电源模块(有的含在 CPU 模块中)以及各种功能模块。

模块式 PLC 由框架或基板和各种模块组成。模块装在框架或基板的插座上。这种 PLC 的特点是配置灵活,可根据需要选配不同规模的系统,而且装配方便,便于扩展和维修。

大、中型 PLC 一般采用模块式结构,基本结构如图 1-7 所示。图 1-8 所示为 SIEMENS S7-200 型 PLC,它由 CPU226、I/O 模块及扩展模块 EM222 组合而成。

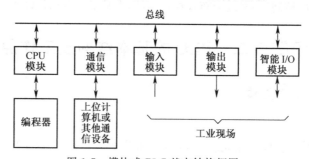

图 1-7　模块式 PLC 基本结构框图

图 1-8　SIEMENS S7-200（CPU226＋EM222）

知识点 2　PLC 的工作原理

1. PLC 的等效电路图

可编程控制器是一个执行逻辑功能的工业控制装置。为了解它是怎样完成逻辑控制功能的，可以用类似于继电器控制的等效电路图来描述其内部工作情况。

如图 1-9 所示，点划线框以内表示 PLC 内部电路，点划线框以外表示 PLC 外部电路。当外部输入信号动作，由输入端子 X 及其内部电路构成闭合回路，输入继电器得电动作使程序中所对应的 X 触点动作。程序控制的逻辑梯形图中的输出继电器 Y 动作，使得由负载、输出端子和负载电源构成的回路闭合，从而驱动外部负载工作。

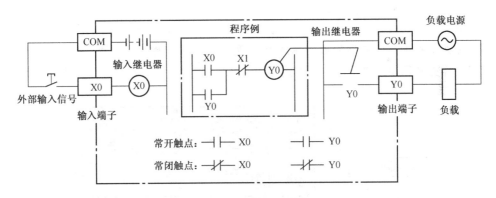

图 1-9　三菱 PLC 等效电路图

通过上面的等效电路图不难看出，PLC 将控制系统的输入与输出元件分开，而将它们之间的逻辑关系通过内部逻辑梯形图的形式表示出来，不但提高了系统的稳定性，而且也改善了控制的灵活性。

2. PLC 的工作过程

PLC 是工业控制计算机，虽然其工作原理是建立在计算机控制系统上的，但是考虑到其面向于工业控制对象和工作的特殊性，它与一般通用计算机又有很大区别。PLC 有着专用的编程工具、特定的系统软件，它的使用方法、编程语言和工作过程与其他计算机控制系统有很大的差异。简单地来看，PLC 工作过程分为自诊断、通信、输入采样、用户程序执行和输出刷新 5 个阶段，如图 1-10 所示。

① 自诊断：每次扫描用户程序之前，都先执行故障自诊断程序。自诊断内容为 I/O 部分、存储器、CPU 等，一旦发现异常则停机并显示出错。若自诊断正常则继续向下扫描。

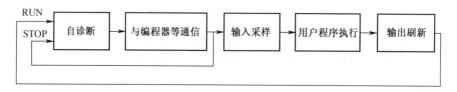

图 1-10　PLC 工作过程示意图

②与编程器等通信：PLC 检查是否有与编程器、计算机等的通信请求，若有则进行相应处理，如接收来自编程器送来的程序、命令和各种数据，并把要显示的状态、数据、出错信息等发送给编程器进行显示。如有与计算机的通信请求，也在这段时间完成数据的接收和发送任务。

③输入采样：PLC 的 CPU 对各个输入端进行扫描，将输入端的状态送到输入状态寄存器。

④用户程序执行：CPU 将指令逐条调出并执行，将输入/输出状态（这些状态统称为数据）进行"处理"。即按程序对数据进行逻辑、算术运算，再将最终的结果送入到输出状态寄存器中。

⑤输出刷新：当所有的指令执行完毕时，集中把输出状态寄存器的状态通过输出部件转换成被控设备所能接受的电压或电流信号，以驱动被控设备。

需要注意的是：PLC 生产厂家往往将上述前 2 个循环过程的状态称为停止（STOP）状态，此时的用户程序没有被扫描执行，PLC 没有输出，但可以进行程序的读、写操作。一旦 PLC 按照一定顺序完成了上述 5 个过程，即为运行（RUN）状态。

3. PLC 的循环扫描工作方式

PLC 经过上述 5 个工作过程，即完成了一次工作循环，为了能连续地完成工作任务，系统必须周而复始地按照一定顺序完成上述过程，这种工作方式叫作循环扫描工作方式。

PLC 工作方式简单说来就是：循环扫描、分时操作。分为三步：读、算、写，如图 1-11 所示。

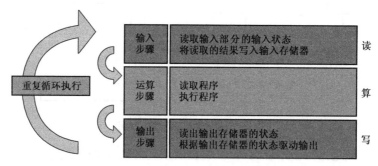

图 1-11　PLC 循环扫描的工作方式

知识链接三　PLC 控制与传统继电器控制的区别

1. 继电器控制系统的组成

任何一个继电器控制系统，都是由输入部分、输出部分和控制部分组成，如图 1-12 所示。

2. PLC 控制系统的组成

由 PLC 构成的控制系统也是由输入部分、输出部分和控制三部分组成，如图 1-13 所示。

从图中可以看出，PLC 控制系统的输入、输出部分和电器控制系统的输入、输出部分基本相同，但控制部分是采用"可编程"的 PLC，而不是实际的继电器线路。因此，PLC 控制系统可

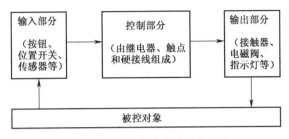

图 1-12 继电器控制系统的组成

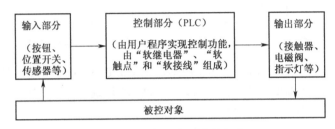

图 1-13 PLC 控制系统的组成

以方便地通过改变用户程序,以实现各种控制功能,从根本上解决了继电器控制系统控制电路难以改变的问题。

3. PLC 控制与继电器控制的区别

从上述比较可知,PLC 的用户程序(软件)代替了继电器控制电路(硬件)。

下面通过一个例子来说明。图 1-14 所示为三相异步电动机单向启动运行的继电器控制系统。其中,由输入设备 SB1、SB2、FR 的触点构成系统的输入部分,由输出设备 KM 构成系统的输出部分。

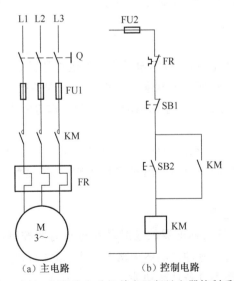

图 1-14 三相异步电动机单向运行继电器控制系统

如果系统主电路不变,只要将输入设备 SB1、SB2、FR 的触点与 PLC 的输入端连接,输出设备 KM 线圈与 PLC 的输出端连接,就构成 PLC 控制系统的输入、输出硬件线路。而控制部分的功能则由 PLC 的用户程序来实现,其等效电路如图 1-15 所示。

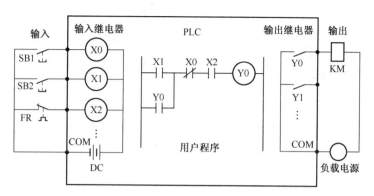

图 1-15 三相异步电动机单向运行 PLC 控制的等效电路

图中，输入设备 SB1、SB2、FR 与 PLC 内部的"软继电器"X0、X1、X2 的"线圈"对应，由输入设备控制相对应的"软继电器"的状态，即通过这些"软继电器"将外部输入设备状态变成 PLC 内部的状态；同理，输出设备 KM 与 PLC 内部的"软继电器"Y0 对应，由"软继电器"Y0 状态控制对应的输出设备 KM 的状态，即通过这些"软继电器"将 PLC 内部状态输出，以控制外部输出设备。

注意：PLC 等效电路中的继电器并不是实际的物理继电器，它实质上是存储器单元的状态。单元状态为"1"，相当于继电器接通；单元状态为"0"，则相当于继电器断开。因此，称这些继电器为"软继电器"。

PLC 控制系统与继电器控制系统相比，不同之处主要在以下几个方面。

(1) 从控制方法上看

继电器控制系统控制逻辑采用硬件接线而 PLC 采用了计算机技术，其控制逻辑是以程序的方式存放在存储器中，要改变控制逻辑只需改变程序，因而很容易改变或增加系统功能。PLC 系统的灵活性和可扩展性好。

(2) 从工作方式上看

在继电器控制电路中，当电源接通时，电路中所有继电器都处于受制约状态。而 PLC 的用户程序是按一定顺序循环执行，所以各软继电器都处于周期性循环扫描接通中，受同一条件制约的各个继电器的动作次序取决于程序扫描顺序，这种工作方式称为串行工作方式。

(3) 从控制速度上看

继电器控制系统依靠机械触点的动作以实现控制，工作频率低，机械触点还会出现抖动问题。而 PLC 通过程序指令控制半导体电路来实现控制的，速度快，程序指令执行时间在微秒级，且不会出现触点抖动问题。

(4) 从定时和计数控制上看

继电器器控制系统采用时间继电器的延时动作进行时间控制，定时精度不高。PLC 采用半导体集成电路作定时器，时钟脉冲由晶体振荡器产生，精度高，定时范围宽，且 PLC 具有计数功能，而继电器控制系统一般不具备计数功能。

(5) 从可靠性和可维护性上看

由于继电器控制系统使用了大量的机械触点，存在机械磨损、电弧烧伤等，寿命短，系统的连线多，所以可靠性和可维护性较差。而 PLC 大量的开关动作由无触点的半导体电路来完成，其寿命长、可靠性高。

项目学习评价小结

1. 学生自我评价(思考题)

PLC工作原理和过程是怎样的,它与传统继电器控制的联系和区别在哪里?你能否通过项目训练和自己的理解将你接触到的继电器控制电路改造成PLC控制,如电机的正反转控制?

2. 项目评价报告表

专业:		班级:	学员姓名:				
项目完成时间:		年 月 日 —	年 月 日				
评价项目	评价标准	评价依据(信息、佐证)	评价方式		权重	得分小计	总分
			小组评价	教师评价			
			0.4	0.6			
职业素质	1. 遵守课堂管理规定。 2. 爱护仪器设备,具有良好的岗位素质和职业习惯。 3. 按时完成学习任务。 4. 工作积极主动、勤学好问,积极参与讨论。 5. 具有较强的团队精神、合作意识,能团结同组成员	项目训练表现			20分		
专业能力 — 程序编写	1. 程序输入正确。 2. 符合编程规则。 3. 能实现预定控制	1. 书面作业和训练报告。 2. 项目任务完成情况记录			70分		
专业能力 — 外部接线	1. 接线过程中遵守安全操作制度,操作规范。 2. 外部接线正确,连接到位						
专业能力 — 调试与排故	1. 能对元件的动作进行监控,会修改元件参数。 2. 出现错误时,能及时按照正确步骤进行修改。 3. 操作不盲目、有条不紊						
创新能力	能够推广、应用国内相关专业的新工艺、新技术、新材料、新设备,能在项目任务结束后向老师或同学提出项目控制中的局限性及其改进措施	1. "四新"技术的应用情况。 2. 思考题完成情况。 3. 动脑情况			10分		
指导教师综合评价							
	指导老师签名:			日期:			

3. 本项目训练小结

可编程控制器(PLC)是一种新型的控制器。通过项目训练,我们了解到PLC将传统继电器控制系统的二次回路用梯形图的形式来代替元件(按钮、开关、传感器、继电器、灯等)之间的逻辑关系,这样不但大大简化了电路,而且使得控制更加方便、灵活和可靠。

在项目任务中,我们利用PLC实现了用两个按钮控制一盏灯,了解了PLC控制设计的基本方法、步骤。掌握了PLC的等效电路图,弄清了PLC的基本组成、工作过程和工作原理。这为以后掌握PLC控制技术提供了基本保障。

项目二 利用 PLC 的软元件实现时间控制

项目情景展示

在我们的日常生活和工作中都不同程度地使用到时间控制。例如图 2-1 所示自动喷泉实景图,每个方向的水柱在不同的时间段呈现各种花样,为人们的生活增添了很多乐趣。

图 2-1 自动喷泉

其实不只是自动喷泉,交通信号灯的控制、学校作息时间的控制、五彩斑斓的彩灯控制、机械设备的顺序控制等,它们都可以通过 PLC 内部的软元件来得以实现。在这一项目中我们将通过对简易彩灯控制设计来了解 PLC 实现时间控制的方法和过程。

项目学习目标

	学习目标	学习方式	学时分配
技能目标	1. 能运用定时器等软元件实现时间控制。 2. 掌握 FX 系列 PLC 的 I/O 分配和硬件接线方法	讲授、实际操作	6
知识目标	1. 熟悉 FX 系列 PLC 的编程元件及其使用方法。 2. 掌握 PLC 定时器的工作原理与使用方法。 3. 掌握 PLC 外部电路的连接	讲授	8

任务一　利用定时器实现一盏灯的时间控制

1. 任务描述

LED灯因绿色环保而逐渐在装饰行业中崭露头角,广泛应用于高档酒店室内装饰、舞台灯光设计和商业照明工程等项目中。

图2-2所示为一餐厅呼叫单元场景图,座位中设计了两个呼叫按钮和对应的呼叫指示灯。餐厅客人需要服务时,按下桌面上的呼叫按钮,指示灯亮一段时间后自动熄灭。在此次项目训练中,可以运用PLC的一些编程元件,如定时器来实现这一动作。

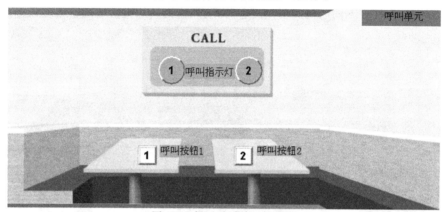

图2-2　餐厅呼叫单元场景图

2. 搭建硬件电路

系统包含一个按钮和一盏灯(或用AC220V白炽灯代替)。所需元器件如表2-1所列。

表2-1　I/O分配表

元件	对应PLC端子	电路符号	功能
输入继电器	X0	SB1	启动按钮
输出继电器	Y0	L	呼叫指示灯
其他低压电器		FU	熔断器

对应PLC的I/O接线图如图2-3所示。

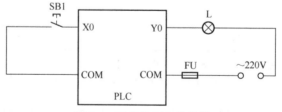

图2-3　PLC的I/O接线图

3. 编程并调试

要实现本项目情景展示的控制要求,需要通过3s定时器T0的动断触点控制输出继电器Y0得电与失电实现。参考程序如图2-4所示。

```
0  ┤X000├─┤/T0├──( Y000 )        0  LD   X000
   ┤Y000├                         1  OR   Y000
                                  2  ANI  T0
                                  3  OUT  Y000
5  ┤Y000├─────────( T0  K30 )    4  LD   Y000
                                  5  OUT  T0    K30
9  ─────────────────( END )       6  END
```

图 2-4 梯形图及指令语句表

4. 工作过程(建议学生 2 人～3 人一组合作完成)

①按照图 2-2 所示电路,完成硬件接线(建议将所有元器件安装在一块实验板上)。

②合上 QS,将图 2-4 所示程序分别输入到 PLC 中(该步进行前需要指导老师检查硬件电路的正确性以保证设备的安全运行)。

③将 PLC 运行模式拨动开关拨到 RUN 位置,使 PLC 进入运行模式。

④进行第 4 步调试时可在监控模式下,按下按钮 SB1 观察输出继电器的通断情况,并在表 2-2 空白处将结果填写出来。

表 2-2 调试动作表

操作动作	PLC 输出继电器 Y0 通断情况	输出器件 L 的变化情况
按下 SB1(X0 得电)		
SB1 按下后 3s		

知识链接一 FX 系列 PLC 的基本接线方式

PLC 控制系统构成,必须和电源、主令装置、传感器设备以及驱动执行机构相连接。不同厂家的 PLC 的接线有所不同,而同一厂家不同型号、规格的 PLC,接线也不相同。

知识点 1 PLC 的三种通用接线方式

I/O 模块的外部接线方式有汇点式、分组式和分隔式三种(图 2-5)。

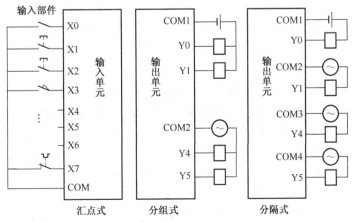

图 2-5 I/O 模块的外部接线方式

①汇点式接线是指输入或输出回路有一个公共端(汇集端)COM,所有输入或输出点为一组,共用一个公共端和一个电源。

②分组式接线是将I/O点分为若干个组,每一组的各I/O电路有一个公共端,它们共用一个电源。各组之间是分隔开的,可分别使用不同的电源。

③分隔式接线是将各I/O点之间相互隔离,每一I/O点都可以使用单独的电源,将它们的COM端连接起来,几个点可以使用同一个电源。

知识点2 PLC与外部设备的连接

1. 电源

供中国用户使用的PLC的供电电源有两种形式:交流220V电源和直流供电电源(多为24V),如图2-6、图2-7所示。

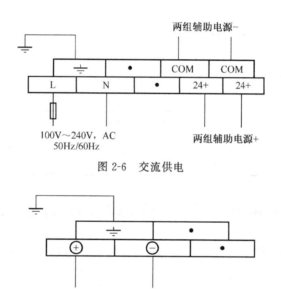

图2-6 交流供电

图2-7 直流供电

图2-6以FX2N-64MR为例提供交流供电。图中L表示火线,N表示零线。交流供电的PLC提供辅助直流电源,供输入设备和部分扩展单元用。FX2N型号PLC的辅助电源容量为250mA~460mA。在容量不定的情况下,需要单独提供直流电源。

采用直流电源供电如图2-7所示,这类PLC的端子上不再提供辅助电源。

2. 输入回路

各类PLC的输入电路大致相同,通常有三种类型。一种是直流12V~24V输入,另一类是交流100V~120V、200V~240V输入,第三类是交直流输入。外界输入器件可以是无源触点或是有源的传感器输入。这些外部器件都要通过PLC端子与PLC连接,都要形成闭合有源回路。

(1)无源开关的接线

FX2N系列PLC只有直流输入,且在PLC内部,将输入端与内部24V电源正极相连、COM端与负极连接,如图2-8所示。这样其无源的开关类输入,不用单独提供电源,如图2-8(a)图接法,实际连接示意图如图2-8(d)所示。这与其他类PLC有很大区别,如图2-8(b)和图2-8(c)所示。在使用其他PLC时,要仔细阅读其说明书。

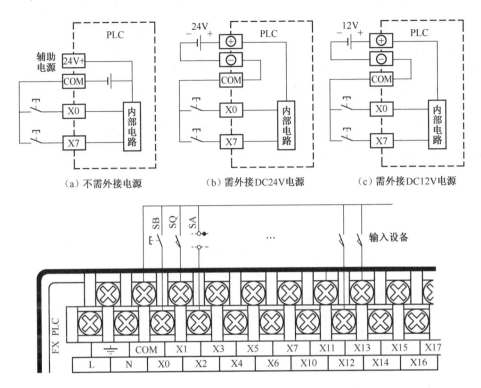

图 2-8 FX2N 系列 PLC 与无源开关的输入连接示意图

(2) 接近开关的接线

接近开关指本身需要电源驱动,输出有一定电压或电流的开关量传感器。开关量传感器根据其原理分有很多种,可用于不同场合的检测。但根据其信号线可以分成三大类:两线式、三线式、四线式。其中四线式有可能是同时提供一个动合触点和一个动断触点,实际中只用其中之一;或者是第四根线为传感器校验线,校验线不与 PLC 输入端连接。因此,无论哪种情况都可以参照三线式接线。图 2-9 所示为 PLC 与传感器连接的示意图。

两线式为一信号线与电源线。三线式分别为电源正、负极和信号线。不同作用的导线用不同颜色表示,这种颜色的定义有不同的定义方法,使用时参见相关说明书。图 2-9(b)中所示为一种常见的颜色定义。信号线为黑色时为动合式;动断式用白色导线。

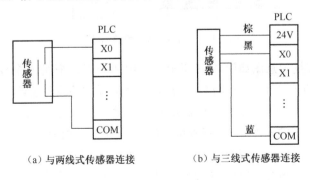

图 2-9 PLC 与传感器连接示意图

图示传感器为 NPN 型,是常用的形式。对于 PNP 型传感器与 PLC 连接,不能按照这种连接,要参考相应的资料。

(3)旋转编码器的接线

旋转编码器可以提供高速脉冲信号,在数控机床及工业控制中经常用到。不同型号的编码器输出的频率、相数也不一样。有的编码器输出 U、V、W 三相脉冲,有的只有两相脉冲,有的只有一相脉冲(如 U 相),频率有 100Hz、200Hz、1kHz、2kHz 等。当频率比较低时,PLC 可以响应;频率高时,PLC 就不能响应,此时,编码器的输出信号要接到特殊功能模块上。

图 2-10 所示为 FX2N 系列 PLC 与 OMRON 的 E6A2-C 系列旋转编码器的接口示意图。

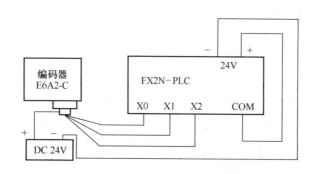

图 2-10 旋转编码器与 PLC 的接口示意图

(4)8421BCD 码拨动开关的连接

如果系统中某些数据需要经常修改,可使用 4 位拨码开关组成拨码器与 PLC 连接,在 PLC 外部进行数据设定。图 2-11 是一位拨码开关的示意图,一位拨码开关能输入一位十进制数的 0~9,或一位十六进制数的 0~F。拨码器与 PLC 连接示意图如图 2-12 所示。

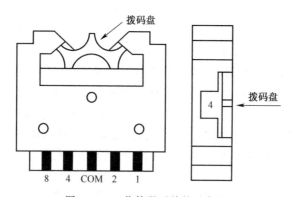

图 2-11 一位拨码开关的示意图

拨码器与 PLC 接线示意图如图 2-13 所示。图中 4 个虚线框是 4 个拨码器的等效电路,4 个拨码器分别用来设定千、百、十、个位数,利用每个拨码开关的拨码盘调整各位拨码开关的值。例如,要设定数据为 3721 时,把千位拨码器拨为 3,此时千位中对应 8、4 的开关断开,对应 2、1 的开关闭合,则该位数字输入为 0011;把百位拨码器拨为 7,此时百位中对应 8 的开关断开,对应 4、2、1 的开关闭合,则该位数字输入为 0111;把十位拨码器拨为 2,此时十位中对应 8、4、1 的开关断开,对应 2 的开关闭合,则该位数字输入为 0010;把个位拨码器拨为 1,此时个位中对应 8、4、2 的开关断开,对应 1 的开关闭合,则该位数字输入为 0001。

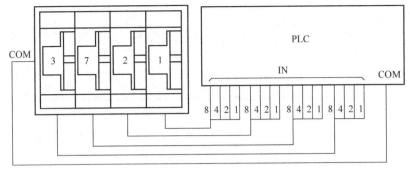

图 2-12 拨码器与 PLC 连接示意图

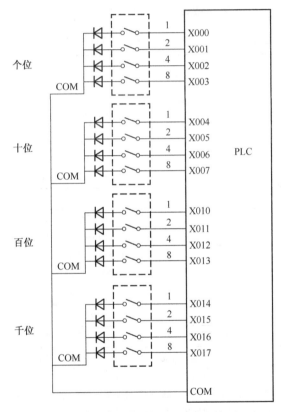

图 2-13 拨码器与 PLC 接线示意图

3. 输出回路的接线

输出口与执行装置相连接,执行装置主要包括各种继电器、电磁阀、指示灯等。这类设备本身所需的功率较大,且电源种类各异。PLC 一般不提供执行器件的电源,需要外接电源。为了适应输出设备多种电源的需要,PLC 的输出口一般都分组设置,输出端实际连线如图 2-14 所示。

(1)输出回路接线的一般表示方法

PLC 有三类输出:继电器输出、晶体管输出和晶闸管(可控硅)输出。如图 2-15 所示,要注意输出负载电源要求。输出主要技术指标见表 2-3。由表 2-3 可知,晶闸管输出只可接交流负载,晶体管输出只能接直流负载,继电器输出既可接交流负载也可接直流负载。当负载额定电流、功率等超过接口指标后要用接触器、继电器等过渡,通过它们接大功率电源。

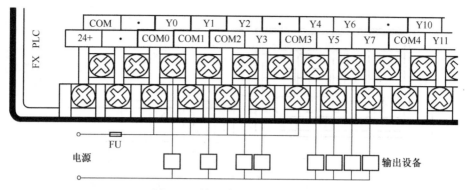

图 2-14 输出端实际连接示意图

注意：①图中 Y0、Y1 为分隔式，其余输出为分组式；

②电源的大小是由负载所决定的，但不能超出 PLC 的实际控制范围。

表 2-3　FX2N 系列 PLC 输出接口电路技术指标

项　　目		继电器输出	晶闸管输出	晶体管输出
外部电源		AC250V,DC30V 以下（需外部整流二极管）	AC85～242V	DC5～30V
最大负载	电阻负载	2A/1 点・8A/4 点共用・8A/8 共用	0.3A/1 点，0.8A/4 点	0.5A/1 点 0.8A/4 点
	感性负载	80V・A	15V・A/AC100V，30V・A/AC200V	12W/DC24V
	灯负载	100W	30W	1.5W/DC24V
开路漏电流		—	1mA/AC100V，2.4mA/AC240V	—
最小负载		*①	0.4V・A/AC100V，2.3V・A/AC240V	—
响应时间/ms	OFF→ON	约 10	1 以下	0.2 以下
	ON→OFF	约 10	最大 10	0.2 以下 **②
回路隔离		继电器隔离	光电晶闸管隔离	光电耦合器隔离
动作显示		继电器通电时 LED 灯亮	光电晶闸管驱动时 LED 灯亮	光电耦合器驱动时 LED 灯亮

① *表示当外接电源电压不大于 24V 时，尽量保持 5mA 以上的电流；

② **表示响应时间 0.2ms 是在条件为 24V、200mA 时，实际所需时间为电路切断负载电流为 0 的时间，可用并联续流二极管的方法改善响应时间。如果希望响应时间短于 0.5ms，应保证电源为 24V、60mA

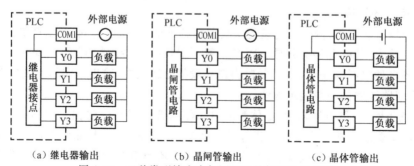

（a）继电器输出　　　（b）晶闸管输出　　　（c）晶体管输出

图 2-15　三种类型输出内部原理及外部接线示意图

继电器输出 PLC 控制设备既有直流电源又有交流电源时,可将相同性质、相同幅值电源设备接同一个 COM 端,此方法称为汇点式输出接线方式。切忌将不同电源设备接在同一个 COM 端。电源相同时,COM 端可以连接在一起。

(2)不同负载输出接线方法

图 2-16 给出的是继电器输出时,交流、直流设备混合控制时的接线示意图。图 2-17 所示为晶体管输出控制交流设备或控制大功率设备时,通过继电器过渡的示意图。

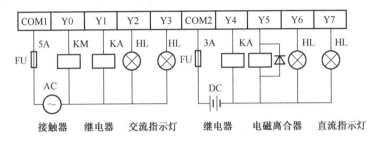

图 2-16　继电器输出混合接线示意图

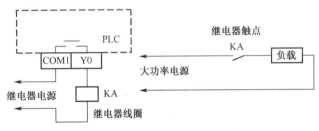

图 2-17　输出接口加装继电器示意图

4. 端子排

在工程实际中,一般输入/输出设备不可能都直接与 PLC 连接。而且 PLC 的多个输入/输出端子共用一个 COM 端,也不可能在一个端子上连接几根甚至十几根导线,所以,必须通过端子排连接。

端子排通常是由多片端子并排安装在导轨上组成的。每片端子的两个接口是短接的,根据需要可以将各片端子短接在一起。

任务二　利用定时器实现闪烁控制

1. 任务描述

如图 2-18 所示为生活中常见的交通信号灯模拟图。红灯或是绿灯闪烁的动作,如果采用 PLC 控制应如何实现?在本项目中,我们将运用两个定时器构成的闪烁回路来实现这一动作。

2. 搭建硬件电路

①根据任务描述,PLC 需要 2 个输入点、1 个输出点,具体 I/O 分配如表 2-4 所列。
②由 I/O 分配表画出 PLC 的外部接线图,如图 2-19 所示。

3. 编程并调试

①根据任务描述,可以知道此任务的控制要点是两个定时器 T0、T1 分别作灯的发光时间和熄灭时间的设定,且用定时器的触点控制灯的闪烁。

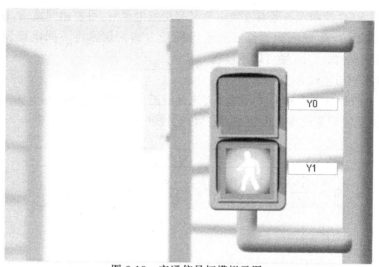

图 2-18 交通信号灯模拟示图

表 2-4 I/O 分配表

元 件	对应 PLC 端子	电路符号	功 能
输入继电器	X0	SB1	启动按钮
	X1	SB2	停止按钮
输出继电器	Y0	L	灯
其他低压电器		FU	熔断器
空气开关		QS	电源总开关

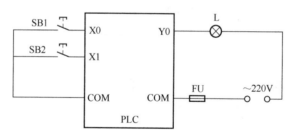

图 2-19 PLC 的外部接线图

② 设计出参考梯形图如图 2-20 所示。

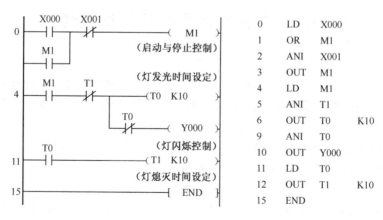

0	LD	X000	
1	OR	M1	
2	ANI	X001	
3	OUT	M1	
4	LD	M1	
5	ANI	T1	
6	OUT	T0	K10
9	ANI	T0	
10	OUT	Y000	
11	LD	T0	
12	OUT	T1	K10
15	END		

(a) 方法一

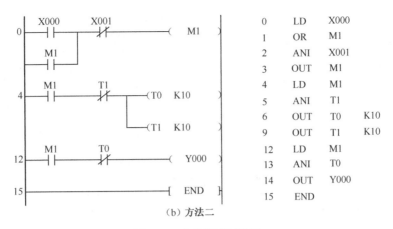

(b) 方法二

图 2-20 参考梯形图设计

4. 工作过程（建议学生 2 人~3 人一组合作完成）

①根据 I/O 分配表，按照图 2-19 进行正确接线。

②合上 QS，将图 2-20 所示两种方法的程序分别输入到 PLC 中（该步进行前需要指导老师检查硬件电路的正确性以保证设备的安全运行）。

③调试系统，运行后先按下 X0（模拟启动），再按下 X1，每次操作都要监控各输出和相关定时器的变化，检测是否满足要求，并在表 2-5 空白处将结果填写出来。

表 2-5 调试动作表

操作动作	PLC 输出继电器 Y0 通断情况	输出器件 L 的变化情况
按下 SB1（X0 得电）		
按下 SB2		

任务三　利用定时器实现彩灯控制

1. 任务描述

为了庆祝节日，增添气氛，可以安装一个简易的六盏色调组成的彩灯系统（图 2-21），要求按下启动信号 X000 后，六种彩灯依次、循环点亮 1s。当按下停止信号 X001 后，彩灯控制系统停止工作。请设计合理方案完成控制系统。

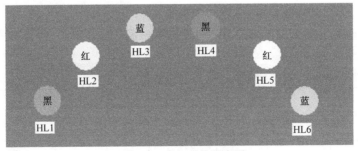

图 2-21 彩灯系统示意图

2. 搭建硬件电路

①根据任务描述，PLC 需要 2 个输入点、6 个输出点，具体 I/O 分配如表 2-6 所列。

表 2-6　I/O 分配表

元　件	对应 PLC 端子	电路符号	功　能
输入继电器	X0	SB1	启动按钮
	X1	SB2	停止按钮
输出继电器	Y0	HL1	彩灯 1
	Y1	HL2	彩灯 2
	Y2	HL3	彩灯 3
	Y3	HL4	彩灯 4
	Y4	HL5	彩灯 5
	Y5	HL6	彩灯 6
其他低压电器		FU	熔断器
空气开关		QS	电源总开关

②由 I/O 分配表画出 PLC 的外部接线图,如图 2-22 所示。

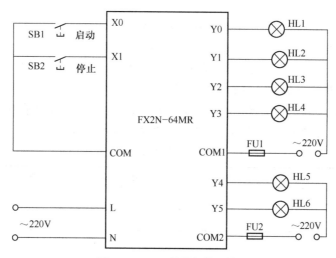

图 2-22　PLC 的外部接线图

3. 编程并调试

该项目中动作较前两个任务复杂一些,可进行程序分步设计调试如下:

①根据情景展示的要求,我们可以运用定时器 T1 先设计第一盏灯 Y000 的亮灭,参考程序如图 2-23 所示。

②运用定时器 T1 控制第二盏灯的输出继电器 Y001 得电,参考程序如图 2-24 所示。

③完成其他四盏灯的程序设计,原理同步骤②。

④为了保证六盏灯循环工作,需要用 T6 控制第一盏灯循环得电,整体参考程序如图 2-25 所示。

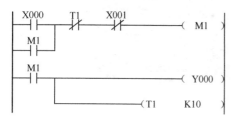
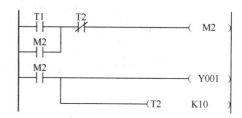

图 2-23　第一盏灯 Y000 的亮灭参考梯形图　　图 2-24　第二盏灯的输出继电器 Y001 得电参考梯形图

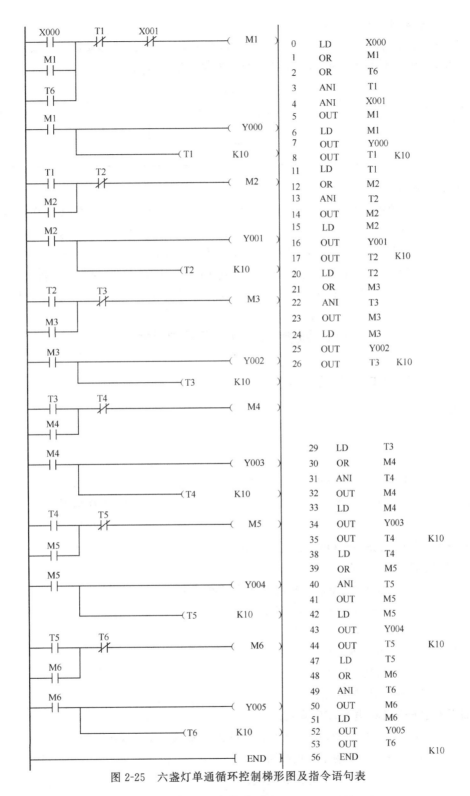

图 2-25 六盏灯单通循环控制梯形图及指令语句表

4. 工作过程(建议学生 2 人~3 人一组合作完成)

①根据 I/O 分配表,按照图 2-22 进行正确接线。

②合上 QS,将图 2-25 所示的各步程序输入到 PLC 中(该步进行前需要指导老师检查硬件

电路的正确性以保证设备的安全运行)。

③调试系统,运行后先按下 X0(模拟启动),再按下 X1,每次操作都要监控各输出和相关定时器的变化,检测是否满足要求,并在表 2-7 空白处将结果填写出来。

表 2-7 调试动作表

操作动作	PLC 输出继电器 Y0 通断情况	输出器件 HL1～HL6 的变化情况
按下 SB1(X0 得电)		
按下 SB1		

5. 收获与体会

以上两个任务的完成能帮助我们初步理解和掌握定时器的基本工作原理及应用。感受 PLC 控制系统给生活带来的便利和乐趣。我们不但可以利用定时器实现闪烁控制,也能通过它们之间的组合关系实现很多五彩缤纷的控制。不但对 PLC 有了新的认识,也增添了学习 PLC 的兴趣,希望通过以后的学习能够更好地使用 PLC 的其他功能实现更多的控制动作。

在 PLC 接线操作时,尽可能选用单芯导线,因为多芯导线容易产生毛边,易造成短路等故障。

知识链接二 PLC 基本配置

知识点 1 FX 系列 PLC 型号的含义

FX 系列 PLC 型号的含义如下:

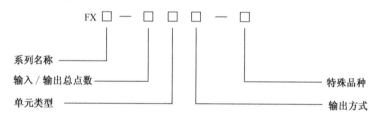

其中系列名称:有 0、2、0S、1S、0N、1N、2N、2NC 等。

单元类型:M——基本单元;
　　　　　E——输入/输出混合扩展单元及扩展模块;
　　　　　EX——输入专用扩展模块;
　　　　　EY——输出专用扩展模块。

输出方式:R——继电器输出;
　　　　　S——晶闸管输出;
　　　　　T——晶体管输出。

特殊品种:D——DC 电源,DC 输入;
　　　　　A1——AC 电源,AC(AC100V～120V)输入或 AC 输出模块;
　　　　　H——大电流输出扩展模块;
　　　　　V——立式端子排的扩展模块;
　　　　　C——接插口输入/输出方式;
　　　　　F——输入滤波时间常数为 1ms 的扩展模块;
　　　　　L——TTL 输入型扩展模块;

S——独立端子(无公共端)扩展模块。

如果特殊品种一项无符号,为AC电源、DC输入、横式端子排;继电器输出,2A/点;晶体管输出,0.5A/点;晶闸管输出,0.3A/点。

例如FX2N-32MT-D表示FX2N系列,32个I/O点基本单位,晶体管输出,使用直流电源,24V直流输出型。

知识点2 FX系列PLC编程元件介绍

可编程序控制器的内部有许多不同功能的器件,以实现PLC的控制功能,如各类继电器、定时器和计数器等。实际上这些器件不是物理意义上的实物器件,而是由电子电路和存储器组成的,我们把它们称作PLC的软继电器或软元件。PLC的软继电器都有确切的地址编号,不同厂家、不同系列的PLC,其内部软继电器的功能和编号都不相同,因此在编制程序时,必须熟悉所选用PLC的软继电器的功能和编号。

FX系列PLC软继电器编号由字母和数字组成,其中输入继电器和输出继电器用八进制数字编号,其他软继电器均采用十进制数字编号。

知识点3 PLC内部软元件介绍

1. 输入继电器X

①作用:用来接收外部输入的开关量信号。

②编号:X000~X007 X010~X017……

③说明:输入继电器以八进制编号,FX2N系列PLC带扩展时最多可有184点输入继电器(X000~X267);输入继电器只能输入驱动,不能程序驱动;可以有无数的常开触点和常闭触点;输入信号(ON、OFF)至少要维持一个扫描周期。

2. 输出继电器Y

①作用:输出程序运行的结果,驱动执行机构控制外部负载。

②编号:Y000~Y007 Y010~Y017……

③说明:输出继电器以八进制编号,FX2N系列PLC带扩展时最多可有184点输入继电器(Y000~Y267);输出继电器只能程序驱动,不能外部驱动;输出模块的硬件继电器只有一个常开触点;梯形图中输出继电器的常开触点和常闭触点可以多次使用。

如FX家族中的FX2N系列,它的基本单位有16/32/48/65/80/128点,六个基本FX2N单元中的每一个单元都可以通过I/O扩展单元扩充为256I/O点,其基本单元如表2-8所列。

表2-8 FX2N系列的基本单元

型号			输入点数	输出点数	扩展模块可用点数
继电器输出	晶闸管输出	晶体管输出			
FX2N-16MR-001	FX2N-16MS	FX2N-16MT	8	8	24~32
FX2N-32MR-001	FX2N-32MS	FX2N-32MT	16	16	24~32
FX2N-48MR-001	FX2N-48MS	FX2N-48MT	24	24	48~64
FX2N-64MR-001	FX2N-64MS	FX2N-64MT	32	32	48~64
FX2N-80MR-001	FX2N-80MS	FX2N-80MT	40	40	48~64
FX2N-128MR-001		FX2N-128MT	64	64	48~64

3. 辅助继电器 M

辅助继电器是用软件实现，是一种内部的状态标志，相当于继电器控制系统中的中间继电器。

①说明：辅助继电器以十进制编号；辅助继电器只能程序驱动，不能接收外部信号，也不能驱动外部负载；可以有无数的常开触点和常闭触点。

②种类：辅助继电器包括通用型、掉电保持型和特殊辅助继电器三种。

通用型辅助继电器：M0～M499，共 500 点。特点：通用辅助继电器和输出继电器一样，在 PLC 电源断开后，其状态将变为 OFF。当电源恢复后，除因程序使其变为 ON 外，否则它仍保持 OFF。用途：中间继电器（逻辑运算的中间状态存储、信号类型的变换）。

掉电保持型辅助继电器：M500～M1023，共 524 点。特点：在 PLC 电源断开后，保持辅助继电器具有保持断电前瞬间状态的功能，并在恢复供电后继续断电前的状态。掉电保持是由 PLC 机内电池支持。

特殊辅助继电器：M8000～M8255，共 256 点。特点：特殊辅助继电器是具有某项特定功能的辅助继电器。分类：触点利用型和线圈驱动型。①触点型特殊辅助继电器：其线圈由 PLC 自动驱动，用户只可以利用其触点。②线圈型特殊辅助继电器：由用户驱动线圈，PLC 将做出特定动作。

下面说明几个主要特殊辅助继电器的用途：

(1) 运行监视继电器（图 2-26）

M8000 —— 当 PLC 处于 RUN 时，其线圈一直得电

M8001 —— 当 PLC 处于 STOP 时，其线圈一直得电

(2) 初始化继电器（图 2-27）

M8002 —— 当 PLC 开始运行的第一个扫描周期其得电

M8003 —— 当 PLC 开始运行的第一个扫描周期其失电

（对计数器、移位寄存器、状态寄存器等进行初始化）

图 2-26 时序波形图

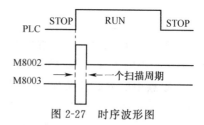

图 2-27 时序波形图

(3) 出错指示继电器

M8004 —— 当 PLC 有错误时，其线圈得电

M8005 —— 当 PLC 锂电池电压下降至规定值时，其线圈得电

M8061 —— PLC 硬件出错　　　D8061（出错代码）

M8064 —— 参数出错　　　　　D8064

M8065 —— 语法出错　　　　　D8065

M8066 —— 电路出错　　　　　D8066

M8067 —— 运算出错　　　　　D8067

M8068 —— 当线圈得电，锁存错误运算结果

(4) 时钟继电器(图 2-28)

M8011 —— 产生周期为 10ms 脉冲

M8012 —— 产生周期为 100ms 脉冲

M8013 —— 产生周期为 1s 脉冲

M8014 —— 产生周期为 1min 脉冲

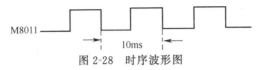

图 2-28 时序波形图

(5) 标志继电器

M8020 —— 零标志,当运算结果为 0 时,其线圈得电

M8021 —— 借位标志,减法运算的结果为负的最大值以下时,其线圈得电

M8022 —— 进位标志,加法运算或移位操作的结果发生进位时,其线圈得电

(6) PLC 模式继电器

M8034 —— 禁止全部输出,当 M8034 线圈被接通时,则 PLC 的所有输出自动断开

M8039 —— 恒定扫描周期方式,当 M8039 线圈被接通时,则 PLC 以恒定的扫描方式运行,恒定扫描周期值由 D8039 决定

M8031 —— 非保持型继电器、寄存器状态清除

M8032 —— 保持型继电器、寄存器状态清除

M8033 —— RUN→STOP 时,输出保持 RUN 前状态

M8035 —— 强制运行(RUN)监视

M8036 —— 强制运行(RUN)

M8037 —— 强制停止(STOP)

4. 状态继电器 S

作用:状态继电器(S)主要用于编制 PLC 的顺序控制程序,一般与步进顺序控制指令 STL 配合使用。

常用状态继电器有初始状态继电器(S0~S9,共 10 点)、回零状态继电器(S10~S19,共 10 点,供返回始点时用)、通用状态继电器(S20~S499,共 480 点,没有断电保护功能,需断电保持功能时,可用程序设定)、断电保持状态继电器(S500~S899,共 400 点,断电时用带锂电池的 RAM 或 EEPROM 保存其 ON 或 OFF 状态)、报警用状态继电器(S900~S999,共 100 点,使用信号报警器置位 ANS 和信号报警器复位 ANR 指令时起外部故障诊断输出作用,称为信号报警器)。

注意:在非顺序控制程序中,状态继电器(S)也可用作辅助继电器(M)。此外状态继电器的常开触头与常闭触头在 PLC 编程中可以无限次使用。

例:图 2-29 是采用状态继电器 S 进行机械手动作控制顺序功能图。下面分析各状态继电器作用。

当启动信号 X0 为 ON 时,机械手下降,到下降限位 X1 开始夹紧工件,夹紧到位信号 X2 为 ON 时,机械手开始上升,上升到上限 X3 后停止,整个过程可分为三步。

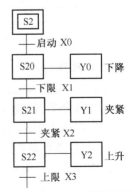

图 2-29 机械手动作控制顺序功能图

每一步都用一个状态器 S20、S21、S22 记录。每个状态器都有各自的置位和复位信号（如 S21 由 X1 置位，X2 复位），并有各自的输出操作（驱动 Y0、Y1、Y2）。

从启动开始由上至下随着状态动作转移，下一状态动作时上一步的状态自动复原。采用状态继电器后，步与步之间的动作互不干扰，且不必考虑不同步之间的互锁，设计清晰简洁。

5. 定时器 T

作用：类似于时间继电器。

分类：普通定时器、积算定时器。

定时器工作原理：当定时器线圈得电时，定时器对相应的时钟脉冲（100ms、10ms、1ms）从 0 开始增计数定时，当计数值等于设定值时，定时器的触点动作。

定时器组成：初值寄存器（16 位）、当前值寄存器（16 位）、输出状态的映像寄存器（1 位）——元件号 T。

定时器的设定值可用常数 K，也可用数据寄存器 D 中的参数。K 的范围 1～32767。

（1）普通定时器（图 2-30）

输入断开或发生断电时，计数器和输出触点复位。

100ms 定时器：T0～T199，共 200 点，定时范围为 0.1s～3276.7s。

10ms 定时器：T20～T245，共 46 点，定时范围为 0.01s～327.67s。

（2）积算定时器（图 2-31）

输入断开或发生断电时，当前值保持，只有复位接通时，计数器和输出触点复位。

复位指令：如 RST T250。

1ms 积算定时器：T246～T249，共 4 点（中断动作），定时范围为 0.001s～32.767s。

100ms 积算定时器：T250～255，共 6 点，定时范围为 0.1s～3276.7s。

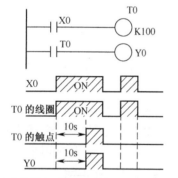

注：其中定时器 T0 的定时时间 $t=0.1\times100=10s$。

图 2-30 普通定时器

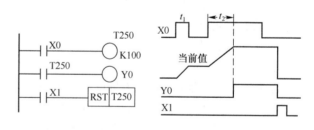

图 2-31 积算定时器

6. 计数器 C

计数器：对内部元件 X、Y、M、T、C 的信号进行计数（计数值达到设定值时计数动作）。

计数器分类：普通计数器、双向计数器、高速计数器。

计数器工作原理：计数器从 0 开始计数，计数端每来一个脉冲计数值加 1，当计数值与设定值相等时，计数器触点动作。

计数器的设定值可用常数 K，也可用数据寄存器 D 中的参数。计数值设定范围 1～32767。

注意：RST 端一接通，计数器立即复位。

（1）普通计数器（计数范围：K1～K32767，16 位二进制）

这类计数器为递增计数器，应用前先对其设置一个设定值，当输入信号（上升沿）个数累加到设定值时,计数器动作,其常开触点闭合、常闭触点断开。

其中 C0～C99 为通用型加法计数器,C100～C199 为掉电保持型计数器(即断电后能保持当前值待通电后继续计数)。

下面举例说明通用型 16 位增计数器的工作原理。如图 2-32 所示,X0 为复位信号,当 X0 为 ON 时 C0 复位。X1 是计数输入,X1 每接通一次计数器当前值加 1。当计数器计数当前值为设定值 10 时,计数器的触点动作,Y0 被接通。此后即使输入 X1 在接通,计数器的当前值也保持不变。当复位输入 X0 接通时,执行 RST 复位指令,计数器复位,输出触点也复位,Y0 被断开。

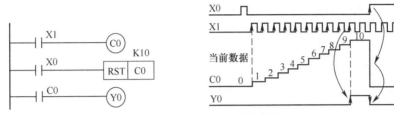

图 2-32 通用型 16 位增计数器

(2)双向计数器(计数范围:−2147483648～2147483647,32 位二进制)

这类计数器与 16 位增计数器除位数不同外,还在于它能通过控制实现增/减双向计数。

其中 C200～C219(共 20 点)为 32 位通用型双向计数器,C220～C234(共 15 个)为 32 位掉电型保持计数器。

说明:①设定值可直接用常数 K 或间接用数据寄存器 D 的内容。间接设定时,要用编号紧连在一起的两个数据寄存器。

②C200～C234 计数器的计数方向(加/减计数)由特殊辅助继电器 M8200～M8234 设定。当 M82xx 接通(置 1)时,对应的计数器 C2xx 为减法计数;当 M82xx 断开(置 0)时为加法计数。

如图 2-33 所示,X10 用来控制 M8200,X10 闭合时为减计数方式。X12 为计数输入,C200 的设定值为 5(可正、可负)。设 C200 置为增计数方式(M8200 为 OFF),当 X12 计数输入累加为 5 时,计数器触点动作。当前值大于 5 时计数器仍为 ON 状态。只有当前值由 5→4 时,计数器才变 OFF。只要当前值小于 4,则输出保持为 OFF 状态。复位输入 X11 接通时,计数器的当前值为 0,输出触点也随之复位。

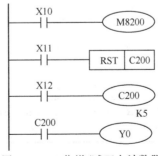

图 2-33 32 位增/减双向计数器

(3)高速计数器(设定值范围:−2147483648～+2147483647,C235～C255,共 21 点,32 位增/减计数器)

高速计数器与前两种计数器相比除允许输入频率高之外,应用也更为灵活,高速计数器均有断电保持功能,通过参数设定也可变成非断电保持。FX2N 系列适用来作为高速计数器输入的 PLC 输入端口有 X0~X7。X0~X7 不能重复使用,即某一个输入端已被某个高速计数器占用,它就不能再用于其他高速计数器,也不能用作他用。各高速计数器对应的输入端如表 2-9 所列。

表 2-9 高速计数器简表

计数器输入		X0	X1	X2	X3	X4	X5	X6	X7
单相单计数输入	C235	U/D							
	C236		U/D						
	C237			U/D					
	C238				U/D				
	C239					U/D			
	C240						U/D		
	C241	U/D	R						
	C242			U/D	R				
	C243					U/D	R		
	C244	U/D	R					S	
	C245			U/D	R				S
单相双计数输入	C246	U	D						
	C247	U	D	R					
	C248				U	D	R		
	C249	U	D	R				S	
	C250				U	D	R		S
双相	C251	A	B						
	C252	A	B	R					
	C253				A	B	R		
	C254	A	B	R				S	
	C255				A	B	R		S

注:U 表示增计数输入、D 表示减计数输入、R 表示复位输入、S 表示启动输入、A 表示 A 相输入、B 表示 B 相输入。X6、X7 只能用作启动信号,而不能用作计数信号。

高速计数器可分为三类:

①单向单输入型:C235~C245。其触点动作与 32 位增/减双向计数器相同,可进行增或减计数(取决于 M8235~M8245 的状态)。

如图 2-34(a)所示为无启动/复位端单相单计数输入高速计数器的应用。当 X10 断开,M8235 为 OFF,此时 C235 为增计数方式(反之为减计数)。由 X12 选中 C235,从表 2-9 中可知其输入信号来自 X0,C235 对 X0 信号增计数,当前值达到 1234 时,C235 常开接通,Y0 得电。X11 为复位信号,当 X11 接通时,C235 复位。

如图 2-34(b)所示为带启动/复位端单相单计数输入高速计数器的应用。由表 2-9 可知 X1 和 X6 分别为复位输入端和启动输入端。利用 X10 通过 M8244 可设定其增/减计数方式。当 X12 为接通,且 X6 也接通时,则开始计数,计数的输入信号来自 X0,C244 的设定值由 D0 和 D1 指定。除了可用 X1 立即复位外,也可用梯形图中的 X11 复位。

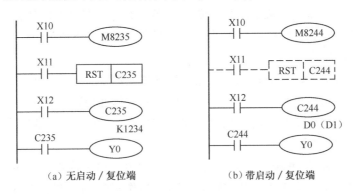

图 2-34 单相单计数输入高速计数器

②单相双输入型:C246~C250。这类高速计数器具有两个输入端,一个为增计数输入端,另一个为减计数输入端。利用 M8246~M8250 的 ON/OFF 动作可监控 C246~C250 的增/减计数动作。

如图 2-35 所示,X10 为复位信号,其有效(ON)则 C248 复位。由表 2-9 可知,也可利用 X5 对其复位。当 X11 接通选中 C248,输入来自 X3 和 X4。

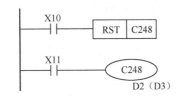

图 2-35 单相双计数输入高速计数器

③双相输入型:C251~C255。A 相和 B 相信号决定计数器是增计数还是减计数。当 A 相为 ON 时,B 相由 OFF 到 ON,则为增计数;当 A 相为 ON 时,B 相由 ON 到 OFF,则为减计数,如图 2-36 所示。

图 2-36 双相输入型高速计数器

如图 2-37 所示,当 X12 接通时,C251 计数开始。由表 2-8 可知,其输入来自 X0(A 相)和 X1(B 相)。只有当计数使当前值超过设定值,则 Y2 为 ON。如果 X11 接通,则计数器复位。根据不同的计数方向,Y3 为 ON(增计数)或为 OFF(减计数),即用 M8251~M8255,可监视 C251~C255 的增/减计数状态。

注意:高速计数器的计数频率较高,它们的输入信号的频率受两方面的限制。一是全部高速计数器的处理时间。因它们采用中断方式,所以计数器用得越少,则可计数频率就越高;二是输入端的响应速度,其中 X0、X2、X3 最高频率为 10kHz,X1、X4、X5 最高频率为 7kHz。

7. 数据寄存器 D

数据寄存器用于为模拟量控制、位置量控制、数据 I/O 存储参数及工作数据,每一个数据寄存器均为 16 位,其中最高位规定为符号位,可用两个数据寄存器组合起来存放 32 位数据,仍规定最高位为符号位。FX2N 系列 PLC 中常用数据寄存器有以下四类。

(1)通用数据寄存器

通用数据寄存器有 D0～D199,共 200 点,其他数据不写入时,通用数据寄存器保持已写入的数据,并在 PLC 状态由运行(RUN)转为停止(STOP)时,通用数据寄存器内全部存储数据清零;若将特殊辅助继电器 M8033 置 1,则 PLC 由 RUN 转为 STOP 时,存储数据将保持。

(2)断电保持数据寄存器

断电保持数据寄存器 D200～D7999,共 7800 点,具有断电保持功能,即在写入新数据前,原有数据在电源断开时也不会丢失,其中 D490～D509 用作两台 PLC 进行点对点时的通信。

(3)特殊数据寄存器

特殊数据寄存器 D8000～D8195 共 106 点,特殊数据寄存器用于监控 PLC 的运行状态,如扫描时间、电池电压等。未加定义的特殊数据寄存器,用户不能使用。

(4)变址寄存器(V、Z)

变址寄存器有 V0～V7 和 Z0～Z7,共 16 点,均为 16 位寄存器。变址寄存器的作用相当于微处理机中的变址寄存器,用于改变元件的编号(变址),变址寄存器可以读写,需要进行 32 位操作时,则将 V、Z 串联使用(Z 为低位,V 为高位)。

例:设 V0=5,求执行 D20V0 时,被执行元件的编号。

答:被执行元件编号为 D(20+V0)=D(20+5)=D25,即将原执行元件的编号 D20 改为 D25。

8. 常数(K、H)

十进制常数用 K 表示,如常数 123 表示为 K123。

十六进制常数则用 H 表示,如常数 345 表示为 H159。

9. 指针(P、I)

指针包括分支和子程序指针(P)和中断指针(I)。在梯形图中指针放在左侧母线的左边。

(1)分支和子程序指针

分支和子程序用指针地址编号为 P0～P127,共 128 点,用于指示跳转指令 CJ 的跳转目标或子程序调用指令 CALL 所调用子程序的入口地址。

图 2-38 是分支指针执行过程梯形图。当 X1 常开触头接通时,执行跳转指令 CJ P0,PLC 跳到标号为 P0 处执行 P0 以后的程序,并根据 SRET 返回。

(2)中断指针

中断指针用于指示中断程序的入口位置。执行中断程序后遇到中断返回指令 IRET 时返回主程序。中断指针有以下三种类型:

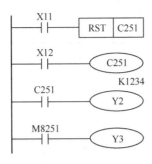
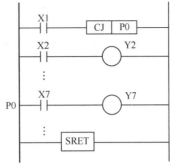

图 2-37 双相高速计数器　　　　图 2-38 分支指针执行过程梯形图

①输入中断用指针(I00□～I50□)共 6 点,它是用来指示由特定输入端的输入信号而产生中断的中断服务程序的入口位置,这类中断不受 PLC 扫描周期的影响,可以及时处理外界信息。输入中断用指针的编号格式如下:

$$\text{I} \quad \square \quad \square\square$$
$$\phantom{\text{I} \quad }a \quad b$$

a 是输入端子号 0～5,分别表示从 X0～X5 输入端子,每个输入端子只能用 1 次;

b 是中断方式,00 表示下降沿中断,01 表示上升沿中断。

例如 I101 为当输入端子 X1 的信号从 OFF～ON 变化时,执行编在 FEND 指令后,以 I101 为标号之后的中断程序,并根据 IRET 指令返回。

②定时器中断用指针(I6□□～I8□□)共 3 点,用来指示周期定时中断的中断服务程序的入口位置,这类中断的作用是 PLC 以指定的周期定时执行中断服务程序,定时循环处理某些任务。处理的时间也不受 PLC 扫描周期的限制。定时器中断用指针编号格式如下:

$$\text{I} \quad \square \quad \square\square$$
$$\phantom{\text{I} \quad }a \quad b$$

a 是定时器中断号 6～8,每个定时器只能用 1 次;

b 是定时器的定时时间,可在 10ms～99ms 中选取。

例如 I610 为每隔 10ms 就执行编在 FEND 指令后,以 I610 为标号之后的中断程序,并根据 IRET 指令返回。

③计数器用中断指针(I010～I060)共 6 点,它们用在 PLC 内置的高速计数器中。根据高速计数器的计数当前值与计数设定值之间关系确定是否执行中断服务程序。它常用于利用高速计数器优先处理计数结果的场合。

项目学习评价小结

1. 学生自我评价(思考题)

①PLC 安装与电路连接中应注意哪些问题?调试第三个任务的程序时遇到的问题与前两个任务相比有区别吗?

②如何实现如图 2-39 所示周期为 50s 的脉冲输出?

图 2-39 时序波形图

③如果把项目中任务二闪烁程序改成先灭后亮程序作何改动？

2. 项目评价报告表

专业：		班级：		学员姓名：			
项目完成时间：		年 月 日—		年 月 日			
评价项目		评价标准	评价依据（信息、佐证）	评价方式		权重	得分小计	总分
				小组评价	教师评价			
				0.4	0.6			
职业素质		1. 遵守课堂管理规定。 2. 按时完成学习任务。 3. 工作积极主动、勤学好问，积极参与讨论。 4. 具有较强的团队精神、合作意识	项目训练表现			20分		
专业能力	程序编写	1. 程序输入正确。 2. 符合编程规则。 3. 能实现预定控制	1. 书面作业和训练报告。 2. 项目任务完成情况记录			70分		
	外部接线	1. 接线过程中遵守安全操作制度，操作规范，工具使用合理。 2. 外部接线正确，连接到位						
	调试与排故	1. 能对元件的动作进行监控，出现问题能及时发现。 2. 对遇到的故障能及时正确排除						
创新能力		能够推广、应用国内相关专业的新工艺、新技术、新材料、新设备	1."四新"技术的应用情况。 2. 思考题完成情况			10分		
指导教师综合评价		指导老师签名：			日期：			

3. 本项目训练小结

通过本项目学习我们掌握了输入、输出元件、定时器等 PLC 内部软元件的表示和使用方法；通过项目任务练习能正确地进行 I/O 分配并完成硬件电路的搭建。要充分发挥 PLC 的开关量控制功能就必须要在日后的学习和训练中熟练掌握 X、Y、M、T、C、S、P、I、D、K 和 H 这 11 个英文字母在 PLC 中的含义、功能特点和使用方法。

还要学会观察、分析日常生活中 PLC 的应用，提高自己的动手能力，多接触感知 PLC 给我们带来的便利，能以积极谦逊的心态接受各种挑战。

项目三 输送带与自动门的 PLC 控制

项目情景展示

在生活和工作中我们常常看到一些自动化控制的例子,例如车库的自动门、工业现场中的传送带。它们的控制基本上不需要人的主动参与,按照事先设定的控制程序来得以实现。

PLC 作为典型的控制器,在这些场合中都能够得到应用。本项目中将通过两个任务分别实现对传送带及自动门的 PLC 控制,借此来熟悉并掌握 PLC 的基本指令和程序设计的典型电路和基本方法。

项目学习目标

	学习目标	学习方式	学时分配
技能目标	1. 掌握基本指令的基本使用方法。 2. 熟练应用基本指令实现开关量控制。 3. 进一步熟悉三菱 FX 系列可编程控制器编程软件的使用方法	讲授、实际操作	6
知识目标	1. 学习三菱 FX 系列可编程控制器 27 条基本指令及其使用方法。 2. 掌握梯形图程序设计规则及其典型单元电路	讲授	8

任务一 利用 PLC 实现对输送带的控制

1. 任务描述

有一生产现场用输送带如图 3-1 所示,主要实现对物料的搬运及传送。可以通过 PLC 控制传送带实现规定动作。当操作面板上 SB1 按下后,Y10 导通并供给物料,同时启动定时器 T0

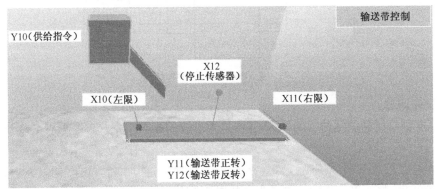

图 3-1 输送带工作原理图

(时间设定为30s)。SB1松开后,物料停止供给。按下SB2后,输送带正转Y11,当到达右限位X11后停止正转,开始反转Y12,反转到X10后停止5s(模拟包装工序),5s后继续正转,当到达停止传感器处,物料停止(等待搬运),完成一个动作。当T0定时时间到,表示搬运动作完成,系统复位,可重复进行上述动作。

2. 搭建硬件电路

系统包含两个按钮、三个光电开关、一个供料电磁阀及两个电机正反转控制线圈。这里只讨论该系统的控制部分,电机主电路可参考图3-27。所需元器件见表3-1。

表3-1 I/O分配表

元件	对应PLC端子	电路符号/元件型号	功能
输入继电器	X20	SB1/LA19 绿色	供料按钮
	X21	SB2/LA19 红色	输送带启动按钮
	X10	光电开关	左限位
	X11	光电开关	右限位
	X12	光电开关	停止位
输出继电器	Y10	KA/JZ7-44	供料
	Y11	KM1/CJX2-0910	输送带正转
	Y12	KM2/CJX2-0910	输送带反转
其他低压电器		QS/DZ47-C10	电源开关
		FU/RT18/5A	熔断器

PLC的I/O分配图如图3-2所示。

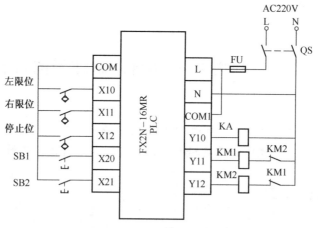

图3-2 PLC的I/O分配图

3. 编程并调试

要实现本项目情景展示的控制要求,就需要通过应用基本指令及典型单元电路分步来一一实现。

①当操作面板上SB1按下后,Y10导通并供给物料,同时启动定时器T0(时间设定为30s),SB1松开后,物料停止供给。参考程序如图3-3所示。

由于题目要求SB1按下Y10导通,SB1松开后Y10断开,所以利用点动控制实现。定时器

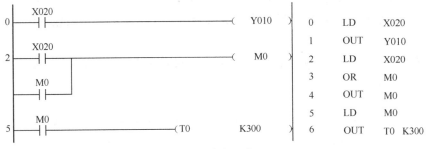

图 3-3 参考程序 1

T0 不具备自保持功能，一旦 SB1 松开，X20 复位，T0 也随之复位，故应将 X20 通过 M0 保持后用于定时。如图 3-3 中的 2～5 句。

②按下 SB2 后，输送带正转 Y11，当到达右限位 X11 后停止正转，开始反转 Y12，反转到 X10 后停止 5s。参考程序如图 3-4 所示。

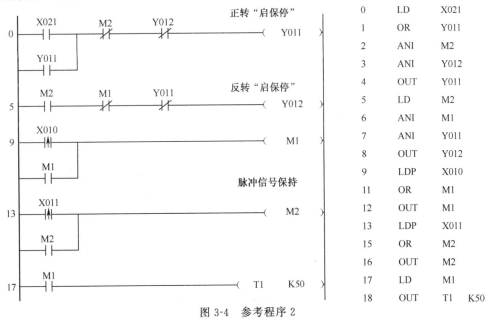

图 3-4 参考程序 2

程序中使用了"启保停"（启动、保持、停止）电路。左右限位为光电开关，不具备保持功能，可将其采用脉冲保持如图 3-4 中的 8～15 句，另外要注意正反转互锁。

③5s 后继续正转，当到达停止传感器 X12 处，物料停止，完成一个动作。参考程序如图 3-5 所示。

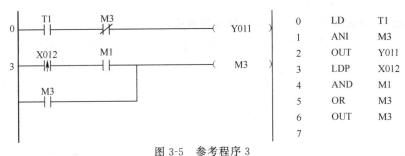

图 3-5 参考程序 3

39

需要注意的是,题目要求是到达 X12 处停止正转,而物料在运动过程中有两次达到 X12,但实际上是从 X10 到 X12 才停止,故程序中用 X12 脉冲加上 M1 信号串联保持作为再次正转的停止信号。

④最后我们将以上三段程序组合在一起,用 30s 定时器 T0 将所有内部继电器关断,消除双线圈 Y11 可得到如图 3-6 所示程序。

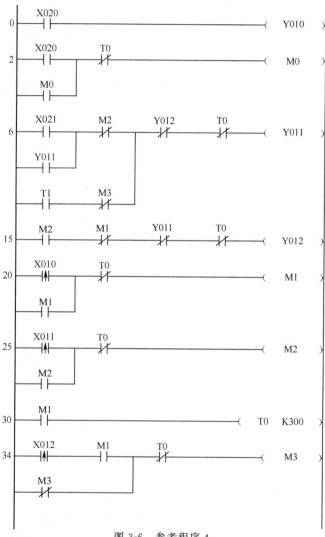

图 3-6　参考程序 4

图 3-6 对应指令表如图 3-7 所示。

4. 工作过程(建议学生 2 人～3 人一组合作完成)

①按照图 3-2 所示电路,完成硬件接线(建议将所有元器件安装在一块实验板上)。

②合上 QS,将图 3-6 所示梯形图程序或图 3-7 所示指令表输入到 PLC 中(该步进行前需要指导老师检查硬件电路的正确性以保证设备的安全运行)。第二步程序调试结束后可直接进行第四步程序调试(第三步程序不能独立调试故可省略)。

③将 PLC 运行模式拨动开关拨到 RUN 位置,使 PLC 进入运行模式。

④进行第 4 步调试时可在监控模式下,分别按下按钮 SB1、SB2 和遮挡对应光电开关观察

0	LD	X020		18	ANI	T0
1	OUT	Y010		19	OUT	Y012
2	LD	X020		20	LDP	X010
3	OR	M0		22	OR	M1
4	ANI	T0		23	ANI	T0
5	OUT	M0		24	OUT	M1
6	LD	X021		25	LDP	X011
7	OR	Y011		27	OR	M2
8	ANI	M2		28	ANI	T0
9	LD	T1		29	OUT	M2
10	ANI	M3		30	LD	M1
11	ORB			31	OUT	T0 K300
12	ANI	Y012		34	LDP	X012
13	ANI	T0		36	AND	M1
14	OUT	Y011		37	ORI	M3
15	LD	M2		38	ANI	T0
16	ANI	M1		39	OUT	M3
17	ANI	Y011				

图 3-7 图 3-6 对应指令表

继电器的变化情况,并在表 3-2 空白处将结果填写出来。

表 3-2 调试动作表

操作动作	PLC 内部继电器通断情况	输出元件情况
按下 SB1(X20 得电)		
按下 SB2(X21 得电)		
到达右限位(X11 得电)		
到达左限位(X10 得电)		
到达停止位(X12 得电)		
SB1 按下后 30s		

知识链接一 FX 系列可编程控制器基本指令介绍

基本逻辑指令是 PLC 中最基本的编程语言,掌握了它也就初步掌握了 PLC 的使用方法,各种型号的 PLC 的基本逻辑指令都大同小异,现在我们针对 FX2N 系列,学习其中 27 条基本指令的功能和使用方法。每条指令及其应用实例都以梯形图和语句表两种编程语言对照说明。

知识点 1 输出指令(LD/LDI/OUT)

下面把 LD/LDI/OUT 三条指令的功能、梯形图表示形式、操作元件以列表的形式加以说明,如表 3-3 所列。

表 3-3 取指与输出指令

符 号	功 能	梯形图表示	操作元件
LD(取)	常开触点与母线相连	─┤├─	X,Y,M,T,C,S
LDI(取反)	常闭触点与母线相连	─┤╱├─	X,Y,M,T,C,S
OUT(输出)	线圈驱动	─( )─	Y,M,T,C,S,F

LD 与 LDI 指令用于与母线相连的接点,此外还可用于分支电路的起点。OUT 指令是线圈的驱动指令,可用于输出继电器、辅助继电器、定时器、计数器、状态寄存器等,但不能用于输入继电器。输出指令用于并行输出,能连续使用多次。

图 3-8 所示为取指与输出指令使用方法。

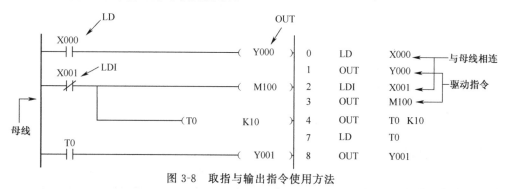

图 3-8 取指与输出指令使用方法

知识点 2 触点串联指令(AND/ANI)、并联指令(OR/ORI)(表 3-4)

表 3-4 触点串并联指令

符 号	功 能	梯形图表示	操作元件
AND(与)	常开触点串联连接	─┤├──┤├─	X,Y,M,T,C,S
ANI(与非)	常闭触点串联连接	─┤├──┤╱├─	X,Y,M,T,C,S
OR(或)	常开触点并联连接		X,Y,M,T,C,S
ORI(或非)	常闭触点并联连接		X,Y,M,T,C,S

AND、ANI 指令用于一个触点的串联,但串联触点的数量不限,这两个指令可连续使用,如图 3-9 所示。

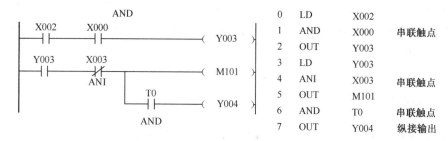

图 3-9 触点串联指令使用方法

OR、ORI 是用于一个触点的并联连接指令,如图 3-10 所示。

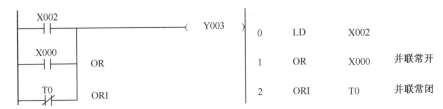

图 3-10 触点并联指令使用方法

知识点 3 电路块的并联和串联指令(ORB、ANB)(表 3-5)

表 3-5 电路块的串并联指令

符 号	功 能	梯形图表示	操作元件
ORB(块或)	电路块并联连接		无
ANB(块与)	电路块串联连接		无

含有两个以上触点串联连接的电路称为串联连接块,串联电路块并联连接时,支路的起点以 LD 或 LDI 指令开始,而支路的终点要用 ORB 指令。ORB 指令是一种独立指令,其后不带操作元件号,因此,ORB 指令不表示触点,可以看成电路块之间的一段连接线。如需要将多个电路块并联连接,应在每个并联电路块之后使用一个 ORB 指令,用这种方法编程时并联电路块的个数没有限制;也可将所有要并联的电路块依次写出,然后在这些电路块的末尾集中写出 ORB 的指令,但这时 ORB 指令最多使用 7 次。

将分支电路并联电路块与前面的电路串联连接时使用 ANB 指令,各并联电路块的起点,使用 LD 或 LDI 指令;与 ORB 指令一样,ANB 指令也不带操作元件,如需要将多个电路块串联连接,应在每个串联电路块之后使用一个 ANB 指令,用这种方法编程时串联电路块的个数没有限制,若集中使用 ANB 指令,最多使用 7 次。

图 3-11 所示为串联电路块的并联,图 3-12 所示为并联电路块的串联。

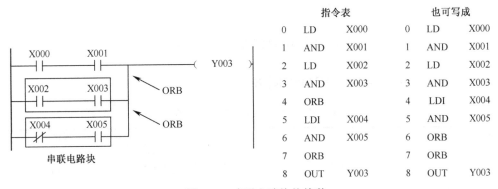

图 3-11 串联电路块的并联

注意:以上三类基本指令必须要牢记,并要求能灵活使用。

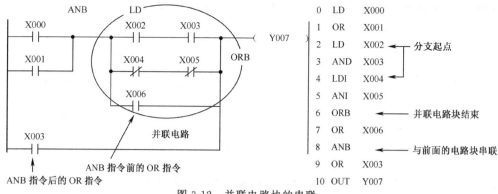

图 3-12 并联电路块的串联

知识点 4　堆栈操作:进栈 MPS、读栈 MRD、出栈 MPP(表 3-6)

表 3-6　堆栈操作指令

符　号	功　能	梯形图表示	操作元件
MPS(进栈)	暂存当前逻辑运算结果		无
MRD(读栈)	读当前逻辑运算结果		无
MPP(出栈)	读后消除当前逻辑运算结果		无

图 3-13 所示为堆栈操作指令的使用方法。

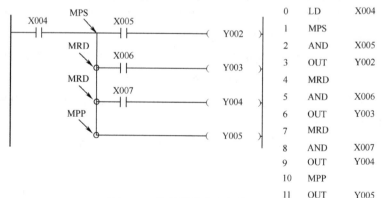

图 3-13　堆栈操作指令的使用方法

知识点 5　主控及主控复位:MC、MCR(表 3-7)

表 3-7　主控与主控复位指令

符　号	功　能	梯形图表示	操作元件
MC(主控)	公共串联触点的连接	MC　N　M0	Y,M
MCR(主控复位)	公共串联触点的清除	MCR　N	无

图 3-14 所示为主控与主控复位指令的操作方法。

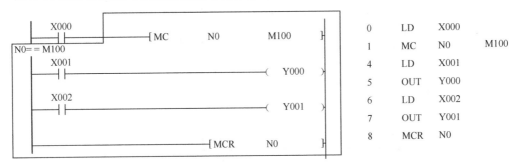

图 3-14 主控与主控复位指令的使用方法

主控指令使用注意事项：

①使用主控指令的触点称为主控触点，它在梯形图中与一般的触点垂直，是控制一组电路的总开关，如图 3-14 中的 M100 常开触点。

②与主控触点相连的触点必须使用 LD 或 LDI 指令。换句话说，执行 MC 指令后，母线移到主控触点的后面去了，MCR 使左侧母线回到原来的位置。

③MC 指令可以嵌套使用，嵌套级 N 的编号按照 0~7 顺次增大，返回时用 MCR 指令从大到小逐级解除。

④特殊功能辅助寄存器不能用作 MC 指令的操作元件。如果 MC 指令的输入触点断开时，积算定时器、计数器、用复位/置位指令驱动的软元件保持其当时的状态；非积算定时器和用 OUT 驱动的元件变为 OFF。

知识点 6 脉冲操作

1. 上升沿脉冲输入 LDP 与脉冲串并联 ANDP、ORP 和下降沿脉冲输入 LDF 与脉冲串并联 ANDF、ORF

表 3-8 所列为脉冲输入指令，图 3-15 所示为脉冲指令的使用。

表 3-8 脉冲输入指令

符 号	功 能	梯形图表示	操作元件
LDP（取上升沿脉冲）	上升沿脉冲开始		X,Y,M,T,C,S
LDF（取下降沿脉冲）	下降沿脉冲开始		X,Y,M,T,C,S
ANDP（串联上升沿脉冲）	上升沿脉冲串联		X,Y,M,T,C,S
ANDF（串联下降沿脉冲）	下降沿脉冲串联		X,Y,M,T,C,S
ORP（并联上升沿脉冲）	上升沿脉冲并联		X,Y,M,T,C,S
ORF（并联下降沿脉冲）	下降沿脉冲并联		X,Y,M,T,C,S

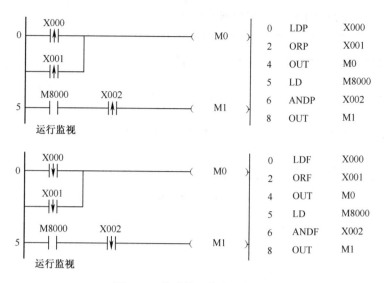

图 3-15 脉冲输入指令的使用

2. 上升沿脉冲输出 PLS 和下降沿脉冲输出 PLF

表 3-9 所列为脉冲输出指令，图 3-16 所示为脉冲输出指令的使用。

表 3-9 脉冲输出指令

符 号	功 能	梯形图表示	操作元件
PLS	上升沿脉冲输出	─┤├─[PLS Y, M]	Y, M
PLF	下降沿脉冲输出	─┤├─[PLF Y, M]	Y, M

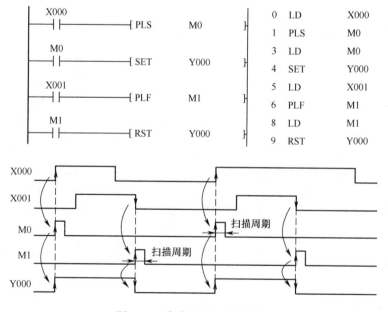

图 3-16 脉冲输出指令的使用

图 3-17 所示为脉冲输入与脉冲输出指令的联系。

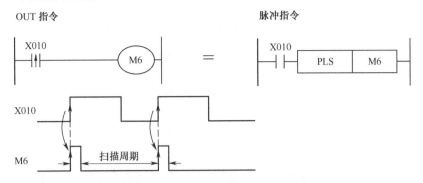

图 3-17　脉冲输入与脉冲输出指令的联系

知识点 7　置位与复位指令：SET、RST

表 3-10 所列为置位与复位指令，图 3-18 所示为置位与复位指令的使用方法。

表 3-10　置位与复位指令

符　号	功　能	梯形图表示	操作元件
SET(置位)	动作保持	─┤├─[SET]	Y,M,S
RST(复位)	消除动作保持，当前寄存器清零	─┤├─[RST]	Y,M,S,T,C,D,V,Z

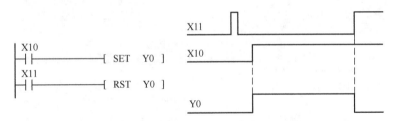

图 3-18　置位与复位指令的使用方法

说明：
①在任何情况下，RST 指令都优先执行。
②计数器和移位寄存器处于复位状态下，不接收输入的数据。

知识点 8　程序结束指令(END)、空操作 NOP 和取反 INV

①在程序结束处写上 END 指令，PLC 只执行第一步至 END 之间的程序，并立即输出处理。若不写 END 指令，PLC 将以用户存储器的第一步执行到最后一步，因此，使用 END 指令可缩短扫描周期。另外。在调试程序时，可以将 END 指令插在各程序段之后，分段检查各程序段的动作，确认无误后，再依次删去插入的 END 指令。

②NOP 用户存储器清零后，用户存储器的内容全部变为零。

③INV 用于逻辑取反。功能如图 3-19 所示。

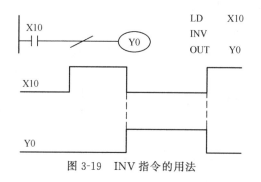

图 3-19　INV 指令的用法

任务二　综合运用典型电路实现自动门控制

1. 任务描述

如图 3-20 所示,控制一扇检测到汽车来后可自动开启或关闭的门。当汽车开到门前时,门自动开启,当汽车离开门时,门自动关闭。在上限位 X1 为 ON 时,门不再打开。在下限位 X2 为 ON 时,门不再关闭。当汽车还处于检测范围(入口传感器 X2 和出口传感器 X3 检测范围内)时,灯 Y6 点亮。

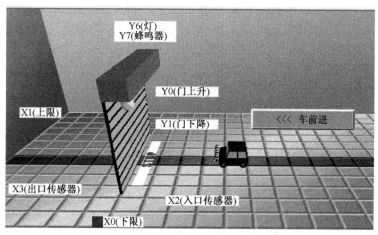

图 3-20　自动门控制

根据门的动作操作面板上 4 个指示灯点亮或熄灭。使用操作面板上的按钮(门上升和门下降)可手动操作门的开关。操作面板如图 3-21 所示。

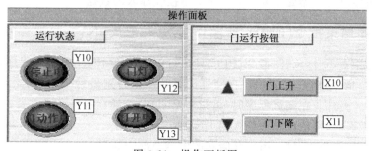

图 3-21　操作面板图

2. 搭建硬件电路

①根据项目情景描述,PLC 需要 6 个输入点、8 个输出点,具体 I/O 分配如表 3-11 所列。

表 3-11　I/O 地址分配表

输入	作用及对应的输入设备	输出	作用及对应的输出设备
X0	门下限位检测信号	Y0	门上升(电机正转线圈 KM1)
X1	门上限位检测信号	Y1	门下降(电机反转线圈 KM2)
X2	入口检测信号	Y6	门开指示灯 HL1
X3	出口检测信号	Y7	门动作声音指示(蜂鸣器 SP)
X10	门上升手动开关	Y10	门停止指示灯 HL2
X11	门下降手动开关	Y11	门动作指示灯 HL3
		Y12	门灯 HL4
		Y13	门开指示灯 HL5

②由上述 I/O 地址分配表设计出项目任务要求的 I/O 接线图如图 3-22 所示,并完成线路的安装。

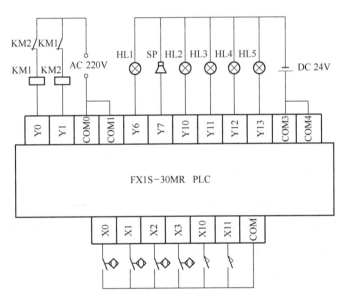

图 3-22　自动门控制 I/O 接线图

3. 编程并调试

①根据情景展示的要求,可以运用"启保停"电路先设计如下动作:

当汽车开到门的前面时(X2 为 ON),自动门打开当达到上限位(X1 为 ON 时),门不再打开。

当汽车经过门以后(X3 由 ON 到 OFF,X3 为下降沿信号),自动门关闭,当关到下限位 X2 为 ON 时,门不再关闭。

当汽车还处于检测范围(入口传感器 X2 和出口传感器 X3 之间)的时候,灯 Y6 点亮。

当门处于动作过程中时(门开或门关),蜂鸣器 Y7 鸣叫。

参考程序如图 3-23 所示。

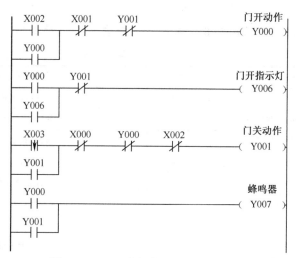

图 3-23 运用"启保停"电路设计的动作

②可以运用"比较电路"和"点动控制电路"设计下面的动作:根据门的动作控制 4 个操作面板上的门动作指示灯点亮或熄灭,如图 3-24 所示。

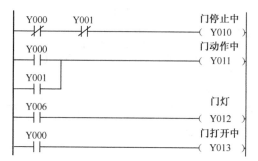

图 3-24 运用"比较电路"和"点动控制电路"设计的动作

③最后来设计:使用操作面板上的按钮(门上升 X10 和门下降 X11)可手动操作门的开关。这段程序比较简单,但是一定要注意门开和门关一般是通过电机正反转来实现的,所以在程序设计时应考虑两者间的互锁,如图 3-25 所示。

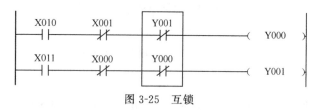

图 3-25 互锁

4. 工作过程(建议学生 2 人~3 人一组合作完成)

①按照图 3-22 所示电路,完成硬件接线并检查电路的正确性。

②合上 QS,将图 3-23~图 3-25 所示程序组合在一起输入到 PLC 中(该步进行前需要指导老师检查硬件电路的正确性以保证设备的安全运行)。第二步程序调试结束后可直接进行第四步程序调试(第三步程序不能独立调试故可省略)。

③将 PLC 运行模式拨动开关拨到 RUN 位置,使 PLC 进入运行模式。

④进行第四步调试时可在监控模式下进行。分别模拟各个限位开关或位置检测信号,每次

操作都要监控各输出和相关软元件的变化,检测是否满足要求。将调试结果填写在表 3-12 中。

表 3-12 调试动作表

操作动作或设备动作	PLC 内部继电器通断情况	输出元件情况
按下门上升按钮		
按下门下降按钮		
自动时门开动作		
自动时门关动作		
自动时门停止时		

5. 收获与体会

通过项目学习可以发现,任何一个控制系统不管简单还是复杂,都可以通过典型的单元电路来实现。简单的动作组合在一起就可以实现一些复杂的控制。这些简单的动作都可以找到其控制模型,即典型的单元电路,如"启保停"、"闪烁"、"延时控制"、"脉冲操作"等。

学习并掌握其中的一些程序,不但能够直接实现很多较为简单的控制动作,也为复杂控制程序的设计提供了更多的思路。

知识链接二 典型的单元电路(编程实例)

知识点 1 具有自锁、互锁功能的程序

1. 具有自锁功能的程序(启、保、停)

利用自身的常开触点使线圈持续保持通电即"ON"状态的功能称为自锁。如图 3-26 所示的启动、保持和停止程序(简称启保停程序)就是典型的具有自锁功能的梯形图,X1 为启动信号,X2 为停止信号。

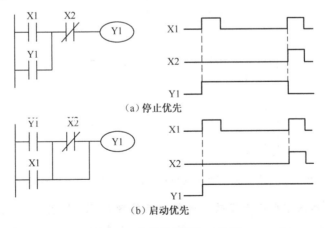

图 3-26 启保停程序与时序图

图 3-26(a)所示为停止优先程序,即当 X1 和 X2 同时接通,则 Y1 断开。图 3-27(b)所示为启动优先程序,即当 X1 和 X2 同时接通,则 Y1 接通。"启保停"程序也可以用置位(SET)和复位(RST)指令来实现。实际应用中,启动信号和停止信号可能由多个触点组成的串、并联电路提供。

2. 具有互锁功能的程序

利用两个或多个常闭触点来保证线圈不会同时通电的功能成为"互锁"。三相异步电动机的正反转控制电路即为典型的互锁电路,如图 3-27 所示。其中 KM1 和 KM2 分别是控制正转运行和反转运行的交流接触器。

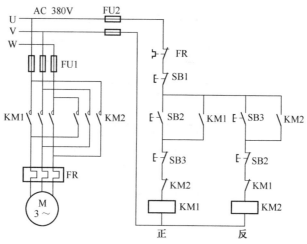

图 3-27 三相异步电动机的正反转控制电路

图 3-28 所示为采用 PLC 控制三相异步电动机正反转的外部 I/O 接线图和梯形图。实现正反转控制功能的梯形图是由两个"启保停"的梯形图再加上两者之间的互锁触点构成。

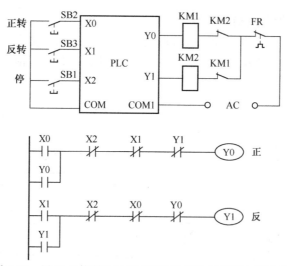

图 3-28 用 PLC 控制电动机正反转的 I/O 接线图和梯形图

注意:虽然在梯形图中已经有了软继电器的互锁触点(X1 与 X0、Y1 与 Y0),但在 I/O 接线图的输出电路中还必须使用 KM1、KM2 的常闭触点进行硬件互锁。因为 PLC 软继电器互锁只相差一个扫描周期,而外部硬件接触器触点的断开时间往往大于一个扫描周期,来不及响应,且触点的断开时间一般较闭合时间长。例如 Y0 虽然断开,可能 KM1 的触点还未断开,在没有外部硬件互锁的情况下,KM2 的触点可能接通,引起主电路短路,因此必须采用软硬件双重互锁。采用了双重互锁,同时也避免因接触器 KM1 或 KM2 的主触点熔焊引起电动机主电路短路。

知识点 2　定时器应用程序

1. 产生脉冲的程序

(1) 周期可调的脉冲信号发生器

图 3-29 所示为采用定时器 T0 产生一个周期可调节的连续脉冲。当 X0 常开触点闭合后，第一次扫描到 T0 常闭触点时，它是闭合的，于是 T0 线圈得电，经过 1s 的延时，T0 常闭触点断开。T0 常闭触点断开后的下一个扫描周期中，当扫描到 T0 常闭触点时，因它已断开，使 T0 线圈失电，T0 常闭触点又随之恢复闭合。这样，在下一个扫描周期扫描到 T0 常闭触点时，又使 T0 线圈得电，重复以上动作，T0 的常开触点连续闭合、断开，就产生了脉宽为一个扫描周期、脉冲周期为 1s 的连续脉冲。改变 T0 的设定值，就可改变脉冲周期。

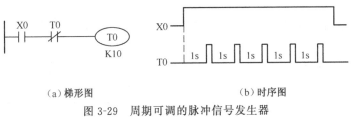

(a) 梯形图　　　　　　　　(b) 时序图

图 3-29　周期可调的脉冲信号发生器

(2) 占空比可调的脉冲信号发生器

图 3-30 所示为采用两个定时器产生连续脉冲信号，脉冲周期为 5s，占空比为 3∶2（接通时间∶断开时间）。接通时间 3s，由定时器 T1 设定，断开时间为 2s，由定时器 T0 设定，用 Y0 作为连续脉冲输出端。

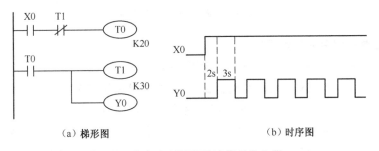

(a) 梯形图　　　　　　　　(b) 时序图

图 3-30　占空比可调的脉冲信号发生器

(3) 顺序脉冲发生器

图 3-31(a) 所示为用三个定时器产生一组顺序脉冲的梯形图程序，顺序脉冲波形如图 3-31(b) 所示。当 X4 接通，T40 开始延时。同时 Y31 通电，定时 10s 时间到，T40 常闭触点断开，Y31 断电。T40 常开触点闭合，T41 开始延时，同时 Y32 通电，当 T41 定时 15s 时间到，Y32 断电。T41 常开触点闭合，T42 开始延时。同时 Y33 通电，T42 定时 20s 时间到，Y33 断电。如果 X4 仍接通，重新开始产生顺序脉冲，直至 X4 断开。当 X4 断开时，所有的定时器全部断电，定时器触点复位，输出 Y31、Y32 及 Y33 全部断电。

2. 断电延时动作的程序

大多数 PLC 的定时器均为接通延时定时器，即定时器线圈通电后开始延时，待定时时间到，定时器的常开触点闭合、常闭触点断开。在定时器线圈断电时，定时器的触点立刻复位。

图 3-32 所示为断开延时程序的梯形图和动作时序图。当 X13 接通时，M0 线圈接通并自

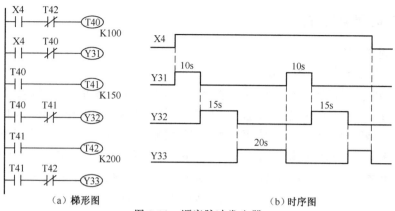

图 3-31 顺序脉冲发生器

锁,Y3 线圈通电,这时 T13 由于 X13 常闭触点断开而没有接通定时;当 X13 断开时,X13 的常闭触点恢复闭合,T13 线圈得电,开始定时。经过 10s 延时后,T13 常闭触点断开,使 M0 复位,Y3 线圈断电,从而实现从输入信号 X13 断开,经 10s 延时后,输出信号 Y3 才断开的延时功能。

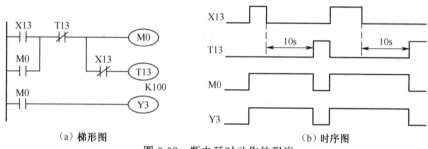

图 3-32 断电延时动作的程序

3. 多个定时器组合的延时程序

一般 PLC 的一个定时器的延时时间都较短,如 FX 系列 PLC 中一个 0.1s 定时器的定时范围为 0.1s～3276.7s,如果需要延时时间更长的定时器,可采用多个定时器串级使用来实现长时间延时。定时器串级使用时,其总的定时时间为各定时器定时时间之和。

图 3-33 所示为定时时间为 1h 的梯形图及时序图,辅助继电器 M1 用于定时启停控制,采用两个 0.1s 定时器 T14 和 T15 串级使用。当 T14 开始定时后,经 1800s 延时,T14 的常开触点闭合,使 T15 再开始定时,又经 1800s 的延时,T15 的常开触点闭合,Y4 线圈接通。从 X14 接通,到 Y4 输出,其延时时间为 1800s+1800s=3600s=1h。

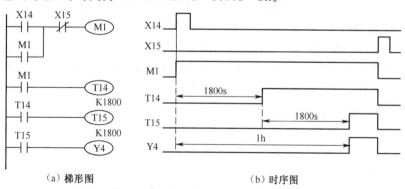

图 3-33 用定时器串级的长延时程序

知识点 3 计数器应用程序

1. 应用计数器的延时程序

只要提供一个时钟脉冲信号作为计数器的计数输入信号,计数器就可以实现定时功能,时钟脉冲信号的周期与计数器的设定值相乘就是定时时间。时钟脉冲信号,可以由 PLC 内部特殊继电器产生(如 FX 系列 PLC 的 M8011、M8012、M8013 和 M8014 等),也可以由连续脉冲发生程序产生,还可以由 PLC 外部时钟电路产生。

如图 3-34 所示为采用计数器实现延时的程序,由 M8012 产生周期为 0.1s 时钟脉冲信号。当启动信号 X15 闭合时,M2 得电并自锁,M8012 时钟脉冲加到 C0 的计数输入端。当 C0 累计到 18000 个脉冲时,计数器 C0 动作,C0 常开触点闭合,Y5 线圈接通,Y5 的触点动作。从 X15 闭合到 Y5 动作的延时时间为 18000×0.1=1800s。延时误差和精度主要由时钟脉冲信号的周期决定,要提高定时精度,就必须用周期更短的时钟脉冲作为计数信号。

图 3-34 应用一个计数器的延时程序

延时程序最大延时时间受计数器的最大计数值和时钟脉冲的周期限制,计数器 C0 的最大计数值为 32767,所以最大延时时间为:32767×0.1=3276.7s。要增大延时时间,可以增大时钟脉冲的周期,但这又使定时精度下降。为获得更长时间的延时,同时又能保证定时精度,可采用两级或多级计数器串级计数。

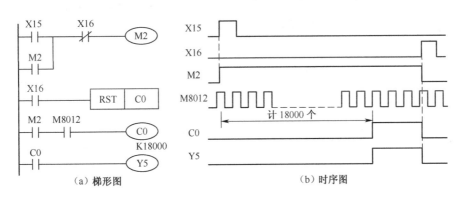

图 3-35 所示为采用两级计数器串级计数延时的程序。图中由 C0 构成一个 1800s(30min)的定时器,其常开触点每隔 30min 闭合一个扫描周期。这是因为 C0 的复位输入端并联了一个 C0 常开触点,当 C0 累计到 18000 个脉冲时,计数器 C0 动作,C0 常开触点闭合,C0 复位,C0 计数器动作一个扫描周期后又开始计数,使 C0 输出一个周期为 30min、脉宽为一个扫描周期的时钟脉冲。C0 的另一个常开触点作为 C1 的计数输入,当 C0 常开触点接通一次,C1 输入一个计数脉冲,当 C1 计数脉冲累计到 10 个时,计数器 C1 动作,C1 常开触点闭合,使 Y5 线圈接通,Y5 触点动作。从 X15 闭合,到 Y5 动作,其延时时间为 18000×0.1×10=18000s(5h)。计数器 C0 和 C1 串级后,最大的延时时间可达:32767×0.1×32767s=29824.34 h=1242.68d。

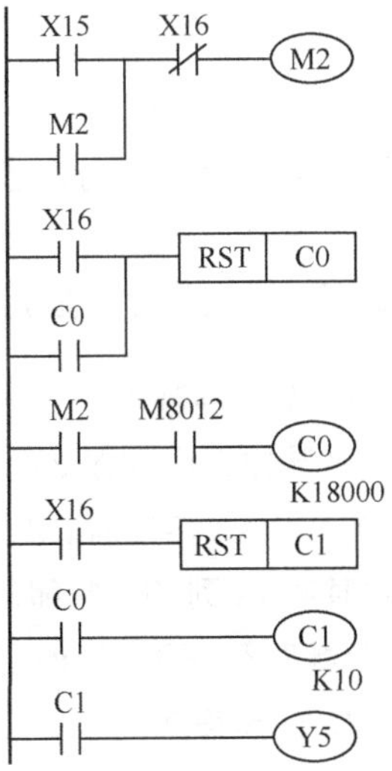

图 3-35 应用两个计数器的延时程序

2. 定时器与计数器组合的延时程序

利用定时器与计数器级联组合可以扩大延时时间,如图 3-36 所示。图中 T4 形成一个 20s 的自复位定时器,当 X4 接通后,T4 线圈接通并开始延时,20s 后 T4 常闭触点断开,T4 定时器的线圈断开并复位,待下一次扫描时,T4 常闭触点才闭合,T4 定时器线圈又重新接通并开始延时。所以当 X4 接通后,T4 每过 20s 其常开触点接通一次,为计数器输入一个脉冲信号,计数器 C4 计数一次,当 C4 计数 100 次时,其常开触点接通 Y3 线圈。可见从 X4 接通到 Y3 动作,延时时间为定时器定时值(20s)和计数器设定值(100)的乘积(2000s)。图中 M8002 为初始化脉冲,使 C4 复位。

3. 计数器级联程序

计数器计数值范围的扩展,可以通过多个计数器级联组合的方法来实现。图 3-37 所示为两个计数器级联组合扩展的程序。X1 每通/断一次,C60 计数 1 次,当 X1 通/断 50 次时,C60 的常开触点接通,C61 计数 1 次,与此同时 C60 另一对常开触点使 C60 复位,重新从零开始对 X1 的通/断进行计数,每当 C60 计数 50 次时,C61 计数 1 次,当 C61 计数到 40 次时,X1 总计通/断 $50 \times 40 = 2000$ 次,C61 常开触点闭合,Y31 接通。

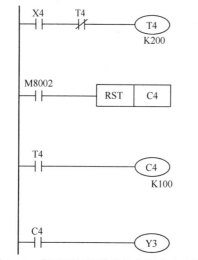

图 3-36 定时器与计数器组合的延时程序

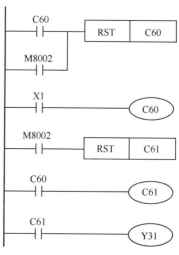

图 3-37 两个计数器级联的程序

知识点 4 其他典型应用程序

1. 单脉冲程序

单脉冲程序如图 3-38 所示,从给定信号(X0)的上升沿开始产生一个脉宽一定的脉冲信号(Y1)。当 X0 接通时,M2 线圈得电并自锁,M2 常开触点闭合,使 T1 开始定时、Y1 线圈得电。定时时间 2s 到,T1 常闭触点断开,使 Y1 线圈断电。无论输入 X0 接通的时间长短怎样,输出 Y1 的脉宽都等于 T1 的定时时间 2s。

2. 分频程序

在许多控制场合,需要对信号进行分频。下面以图 3-39 所示的二分频程序为例来说明 PLC 是如何来实现分频的。

图 3-39 中,Y30 产生的脉冲信号是 X1 脉冲信号的二分频。图 3-39(a)中用了三个辅助继电器 M160、M161 和 M162。当输入 X1 在 t_1 时刻接通(ON),M160 产生脉宽为一个扫描周期

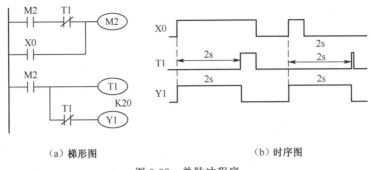

图 3-38 单脉冲程序

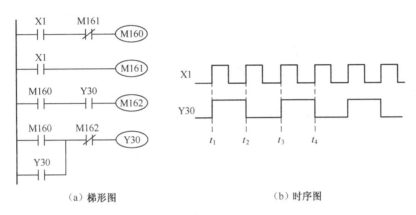

图 3-39 二分频程序

的单脉冲,Y30 线圈在此之前并未得电,其对应的常开触点处于断开状态,因此执行至第 3 行程序时,尽管 M160 得电,但 M162 仍不得电,M162 的常闭触点处于闭合状态。执行至第 4 行,Y30 得电(ON)并自锁。此后,多次循环扫描执行这部分程序,但因为 M160 仅接通一个扫描周期,M162 不可能得电。由于 Y30 已接通,对应的常开触点闭合,为 M162 的得电做好了准备。

等到 t_2 时刻,输入 X1 再次接通(ON),M160 上再次产生单脉冲。此时再执行第 3 行时,M162 条件满足得电,M162 对应的常闭触点断开。执行第 4 行程序时,Y30 线圈失电(OFF)。之后虽然 X1 继续存在,由于 M160 是单脉冲信号,虽多次扫描执行第 4 行程序,Y30 也不可能得电。在 t_3 时刻,X1 第三次 ON,M160 上又产生单脉冲,输出 Y30 再次接通(ON)。t_4 时刻,Y30 再次失电(OFF),循环往复。这样 Y30 正好是 X1 脉冲信号的二分频。由于每当出现 X1(控制信号)时就将 Y30 的状态翻转(ON/OFF/ON/OFF),这种逻辑关系也可用作触发器。

知识链接三 梯形图编程规则介绍

知识点 1 编程语言

功能表图(Sequential Function Chart)、梯形图(Ladder Diagram)、功能块图(Function Black Diagram)、指令表(Instruction List)、结构文本(Structured Text)为 PLC 编程语言。梯形图和功能块图为图形语言,指令表和结构文本为文字语言,功能表图是一种结构块控制流程图。梯形图是使用最多的图形编程语言,被称为 PLC 的第一编程语言。

知识点 2 四个基本概念

1. 软继电器

PLC 梯形图中的某些编程元件沿用了继电器这一名称,如输入继电器、输出继电器、内部辅助继电器等,但是它们不是真实的物理继电器,而是一些存储单元(软继电器),每一软继电器与 PLC 存储器中映像寄存器的一个存储单元相对应。该存储单元如果为"1"状态,则表示梯形图中对应软继电器的线圈"通电",其常开触点接通,常闭触点断开,称这种状态是该软继电器的"1"或"ON"状态。如果该存储单元为"0"状态,对应软继电器的线圈和触点的状态与上述的相反,称该软继电器为"0"或"OFF"状态。使用中也常将这些"软继电器"称为编程元件。

2. 能流

如图 3-40(a)所示触点 1、2 接通时,有一个假想的"概念电流"或"能流"(Power Flow)从左向右流动,这一方向与执行用户程序时的逻辑运算的顺序是一致的。能流只能从左向右流动。利用能流这一概念,可以帮助我们更好地理解和分析梯形图。图 3-40(a)中可能有两个方向的能流流过触点 5(经过触点 1、5、4 或经过触点 3、5、2),这不符合能流只能从左向右流动的原则,因此应改为如图 3-40(b)所示的梯形图。

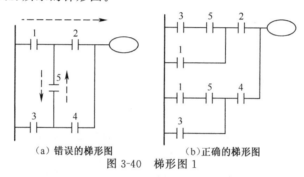

(a) 错误的梯形图   (b) 正确的梯形图
图 3-40 梯形图 1

3. 母线

梯形图两侧的垂直公共线称为母线(Bus Bar)。在分析梯形图的逻辑关系时,为了借用继电器电路图的分析方法,可以想象左右两侧母线(左母线和右母线)之间有一个左正右负的直流电源电压,母线之间有"能流"从左向右流动。右母线可以不画出。

4. 梯形图的逻辑解算

根据梯形图中各触点的状态和逻辑关系,求出与图中各线圈对应的编程元件的状态,称为梯形图的逻辑解算。梯形图中逻辑解算是按从左至右、从上到下的顺序进行的。解算的结果,可以立即被后面的逻辑解算所利用。逻辑解算是根据输入映像寄存器中的值,而不是根据解算瞬时外部输入触点的状态来进行的。

知识点 3 梯形图的编程规则

① 每一逻辑行总是起于左母线,然后是触点的连接,最后终止于线圈或右母线(右母线可以不画出)。注意:左母线与线圈之间一定要有触点,而线圈与右母线之间则不能有任何触点,如图 3-41(a)是错误的画法,应改成图 3-41(b)所示画法。

② 梯形图中的触点可以任意串联或并联,但继电器线圈只能并联而不能串联。

③ 触点的使用次数不受限制。

④ 一般情况下,在梯形图中同一线圈只能出现一次。如果在程序中,同一线圈使用了两次

(a) 错误的梯形图　　　(b) 正确的梯形图

图 3-41　梯形图的画法

或多次,称为"双线圈输出"。对于"双线圈输出",有些 PLC 将其视为语法错误,绝对不允许;有些 PLC 则将前面的输出视为无效,只有最后一次输出有效;而有些 PLC,在含有跳转指令或步进指令的梯形图中允许双线圈输出。

图 3-42 中编号为④、⑤的元件一般是采用通用型辅助继电器 M,这种方法常用于双线圈电路的输入元件较多不能简单地用并联关系来解决时使用。

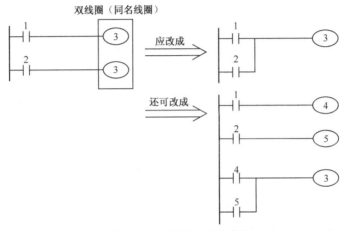

图 3-42　双线圈的消除方法

⑤对于不可编程梯形图必须通过等效变换,变成可编程梯形图如图 3-40 所示。

⑥有几个串联电路相并联时,应将串联触点多的回路放在上方,如图 3-43(a)所示。在有几个并联电路相串联时,应将并联触点多的回路放在左方,如图 3-43(b)所示。这样所编制的程序简洁明了,语句较少。

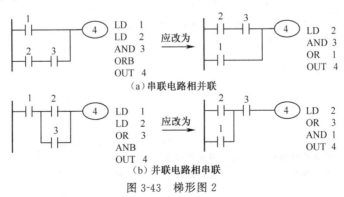

(a) 串联电路相并联

(b) 并联电路相串联

图 3-43　梯形图 2

注意:在设计梯形图时,输入继电器的触点状态按输入设备全部为常开进行设计更为合适,不易出错。建议用户尽可能用输入设备的常开触点与 PLC 输入端连接,如果某些信号只能用常闭输入,可先按输入设备为常开来设计,然后将梯形图中对应的输入继电器触点取反(常开改成常闭、常闭改成常开)。在一些需要保证安全的场合(如电梯门控信号),要有意识地使用常闭触点来设计。

项目学习评价小结

1. 学生自我评价(思考题)

①在整体调试任务二程序时,出现两个 Y1 应怎样处理?如果让程序中有两个 Y1 出现,程序动作是正确的吗?你发现的问题在哪里?

②能否写出五段不同的程序都能够实现"启保停"功能。

2. 项目评价报告表

专业:		班级:		学员姓名:			
项目完成时间:		年 月 日 —		年 月 日			
评价项目		评价标准	评价依据(信息、佐证)	评价方式		权重	得分小计	总分
				小组评价	教师评价			
				0.4	0.6			
职业素质		1. 遵守课堂管理规定。 2. 爱护仪器设备,具有良好的岗位素质和职业习惯。 3. 按时完成学习任务。 4. 工作积极主动、勤学好问,积极参与讨论。 5. 具有较强的团队精神、合作意识,能团结同组成员	项目训练表现			20分		
专业能力	程序编写	1. 程序输入正确。 2. 符合编程规则。 3. 能实现预定控制	1. 书面作业和训练报告。 2. 项目任务完成情况记录			70分		
	外部接线	1. 接线过程中遵守安全操作制度,操作规范。 2. 外部接线正确,连接到位						
	调试与排故	1. 能对元件的动作进行监控,会修改元件参数。 2. 出现错误时,能及时按照正确步骤进行修改。 3. 操作不盲目、有条不紊						
创新能力		能够推广、应用国内相关专业的新工艺、新技术、新材料、新设备,能在项目任务结束后向老师或同学提出项目控制中的局限性及其改进的措施	1."四新"技术的应用情况。 2. 思考题完成情况。 3. 梯形图有新意。 4. 提出更合理的项目实施步骤			10分		
指导教师综合评价		指导老师签名:				日期:		

3. 本项目训练小结

梯形图编程是三菱 FX 系列 PLC 中最常见的编程方法。基本指令的掌握是进行梯形图编程的前提。读者要熟练掌握 27 条基本指令的使用。能分析控制要求并合理运用典型的单元电路解决不同控制要求。掌握调试复杂程序的方法、步骤。能根据不同的故障现象分析原因、找到排除方法。

通过项目任务学习和训练,我们了解了任何复杂系统的程序都是由基本的单元程序所构成。掌握并能熟练地应用这些程序是可编程控制器程序设计的基础。对于任何一个控制题目,都必须仔细分析它的基本要求和全部动作,根据题目要求画出 I/O 分配图或是输入输出分配表;搞清楚动作与动作之间的逻辑关系,依照典型单元程序,合理设计程序。

在项目训练中可以发现,良好的团队意识对项目任务的完成起到了很关键的作用,在安装线路时要严肃、仔细、认真,在编写程序时要多动脑、多提问、多推理、多讨论,只有这样才能逐步积累起更多的编程经验,为日后的学习奠定扎实的基础。

项目四 三相交流异步电动机的 PLC 控制

项目情景展示

电动机作为最为常见的一种执行元件,广泛地应用于各类机电产品中。三相交流电动机作为典型的电动机品种和传统电气控制中的主要控制对象,扮演着重要的角色。本项目中,我们将通过三个控制任务的完成,来熟悉三相异步电动机的 PLC 基本控制。初步掌握一些机械设备,如 T68 镗床、锅炉通风设备、工作台等设备控制系统的电气化改造的方法。

项目学习目标

	学 习 目 标	学习方式	学时分配
技能目标	1. 合理运用 PLC 系统设计方法进行电机控制。 2. 掌握用 PLC 控制三相异步电动机的软硬件设计的基本方法	讲授、实际操作	4
知识目标	1. 熟练掌握 PLC 基本指令及使用要领。 2. 进一步理解 PLC 工作原理。 3. PLC 控制三相交流异步电动机的保护措施	讲授	6

任务一 T68 镗床的 PLC 电气化改造

1. 任务描述

T68 镗床是机械加工行业常用机床之一,为减小启动电流,其主轴电动机采用星角降压启动控制。老式机床采用时间继电器控制,采用星角降压启动,利用时间继电器控制如图 4-1 所示电路

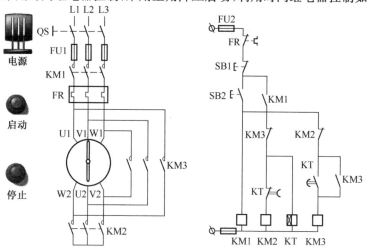

图 4-1 时间继电器控制星角降压启动电气原理图

图。如果用 PLC 改造 T68 镗床,则需控制主轴电动机的星角降压启动,要求星形启动 15s 后转为角形运行。任务中将设计 PLC 控制方案解决该问题。

2. 搭建硬件电路

①根据任务描述,PLC 需要 3 个输入点、3 个输出点,具体 I/O 分配如表 4-1 所列。

表 4-1　I/O 分配表

元　　件	对应 PLC 端子	电路符号	功　　能
输入继电器	X0	SB1	停止按钮
	X1	SB2	启动按钮
	X2	FR	过载保护
输出继电器	Y0	KM1	主交流接触器
	Y1	KM2	星形连接交流接触器
	Y2	KM3	三角形连接交流接触器
其他低压电器		FU	熔断器
空气开关		QS	电源总开关

②由 I/O 分配表画出 PLC 的外部接线图,如图 4-2 所示。

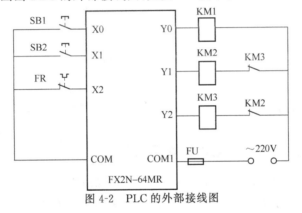

图 4-2　PLC 的外部接线图

3. 编程并调试

从上述的任务要求中可以知道:本任务是一个星角降压启动控制,参考方案见图 4-3。

4. 工作过程(建议学生 2 人~3 人一组,合作完成)

①按照图 4-2 所示电路,完成硬件接线并确认电路正确性。条件允许的情况下(即配备 AC380V 电源的场所)可按图 4-4 所示完成电动机主电路的安装连接。

②合上 QS,将图 4-3 所示的各步程序分别输入到 PLC 中(该步进行前需要指导老师检查硬件电路的正确性以保证设备的安全运行)。

③将 PLC 运行模式拨动开关拨到 RUN 位置,使 PLC 进入运行模式。

④进行第 4 步调试时可在监控模式下,分别按下按钮 SB2、SB1 观察输出继电器的通断情况,并在表 4-2 空白处将结果填写出来。

表 4-2　调试动作表

操作动作	PLC 输出继电器通断情况	输出器件的变化情况
按下 SB2(X1 得电)		
SB2 按下后 15s		
按下 SB1		

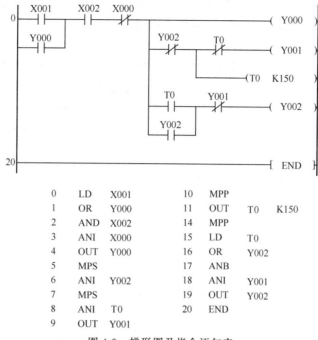

0	LD	X001	10	MPP		
1	OR	Y000	11	OUT	T0	K150
2	AND	X002	14	MPP		
3	ANI	X000	15	LD	T0	
4	OUT	Y000	16	OR	Y002	
5	MPS		17	ANB		
6	ANI	Y002	18	ANI	Y001	
7	MPS		19	OUT	Y002	
8	ANI	T0	20	END		
9	OUT	Y001				

图 4-3　梯形图及指令语句表

知识链接一　三相异步电动机丫－△降压启动

知识点 1　PLC控制三相异步电动机降压启动

在三相异步电动机的降压启动控制电路中,丫－△降压启动控制电路是用得较多的一种。在电动机启动时,它将电动机定子绕组接成丫形接法降压启动;在电动机运行时,将电动机定子绕组接成△形接法全压运行。

如图4-4所示,要求合上QS,按下启动按钮SB2后,电动机以星形连接启动(KM1、KM3主触点闭合;启动5s后,KM3断电),电动机以角形连接运行(KM1、KM2主触点闭合)。用堆栈指令配合常用一般指令实现I/O地址分配如表4-3所列,接线图如图4-5所示。

程序设计如图4-6所示。

图4-4为三相异步电动机丫－△启动主电路。注意热继电器以动断触点的形式接入PLC,因而在梯形图中要用动合触点。

知识点 2　PLC控制三相异步电动机的几个保护处理

三相交流异步电动机是最常见的一种执行元件。在使用过程中,为保证电机可靠、稳定运行,现将PLC对其控制中必需的几个保护处理总结出来,以供参考。

1. 过载保护

(1)硬件保护

如图4-7所示,是将热继电器FR动断触点和接触器KM线圈串联,作为过载保护,这实质上是一种外部保护,即硬件保护。其保护过程是当电动机发生过载时,FR动断触点断开,切断KM线圈供电电路,电动机因接触器主触点断开(复位)而停车。这种保护方式此时只切断了

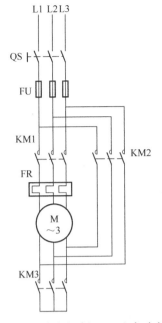

图 4-4 三相异步电动机Y-△启动主电路

表 4-3 I/O 地址分配

输入信号		
设备名称	电路符号	输入点编号
停止按钮	SB1	X0
启动按钮	SB2	X1
热继电器	FR	X2
输出信号		
设备名称	电路符号	输出点编号
主交流接触器	KM1	Y0
三角形连接交流接触器	KM2	Y1
星形连接交流接触器	KM3	Y2

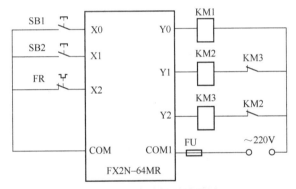

图 4-5 PLC 的外部接线图

PLC 输出端的外部电路,而 PLC 主机本身并没有停机,那么此时输出继电器 Y0 对 KM 线圈仍然有输出信号,只是 KM 线圈不通路而已。这种情况下若按动 FR 的复位按钮,那么其因过载而断开的触点会瞬间闭合,导致 KM 线圈被立即接通,电动机也会随之转动,极易引起设备损坏或人身安全事故。

(2)软件保护

在应用 PLC 组成的控制系统中,原则上都应该将电动机的过载信号引入 PLC 输入端,以便在电动机停转的同时,也使 PLC 主机停止工作,这样可以充分发挥 PLC 的控制功能,也称为软件保护。

具体的解决方法有两种:

①如图 4-8 所示,将与负载 KM 状态信号对应的 X2,在梯形图中作为自锁条件串接于自锁支路中,一旦发生过载,就可以从 PLC 内部使其停止工作。

图 4-8(a)中,将 KM 的一对动合触点接于 PLC 输入端。图 4-8(b)中,在 Y0 自锁支路增加与 KM 动合触点对应的内部动合触点 X2。电动机工作正常时 X2 闭合,保证自锁支路能够正

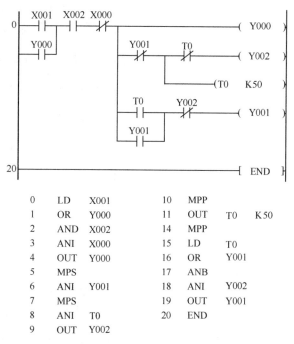

图 4-6 梯形图及指令语句表

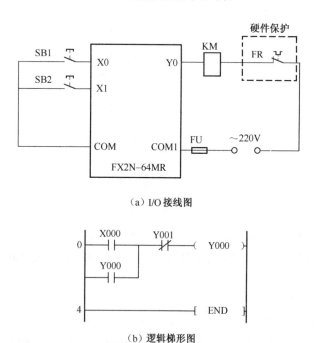

(a) I/O 接线图

(b) 逻辑梯形图

图 4-7 三相异步电动机连续运转控制电路的硬件保护

常工作。当电动机过载时,FR 动作,切断 KM 线圈供电电路,KM 所有触电复位,其接在 PLC 输入端的动合触点就会把电动机过载信号送入 PLC 主机,使 X2 断开,迫使 PLC 主机停止工作。

②直接将 FR 动断触点作为 PLC 的一个输入信号接至输入端,使得在电动机过载引起 FR 动作时,将过载信号送入 PLC 内部,使 PLC 内部停止工作,如图 4-9 所示。

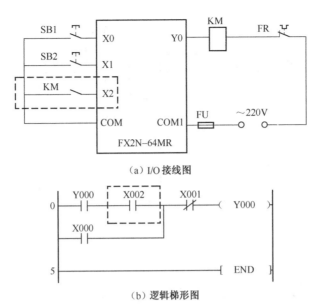

图 4-8 三相异步电动机连续运转控制电路的软件过载保护一

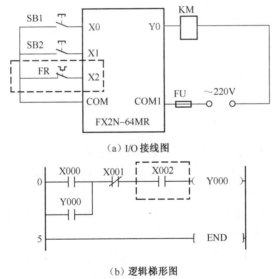

图 4-9 三相异步电动机连续运转控制电路的软件过载保护二

2. 互锁保护

(1) 正、反转控制中的互锁保护

在电动机正、反转控制过程中,防止主电路的电源相间短路必须作为一个重要问题来考虑,引起短路的原因一是正、反转对应的两个接触器同时通电动作;二是主触点之间的电弧引起短路,这种情况的发生是因电弧尚未熄灭使断开触点仍然处于通电状态,而另一接触器又通电其触点闭合。解决这类问题的有效方法之一是使用互锁。

① 软互锁和硬互锁。如图 4-10(a)所示,将 KM 的动作状态作为负载信号引入 PLC 输入端,在 PLC 输入端接有 KM1 和 KM2 动合触点。为了可靠地对正、反转接触器进行互锁,在 PLC 输出端两个接触器之间仍然采用动断触点构成互锁,这种互锁称为外部硬互锁。在图 4-10(b)中两个输出继电器 Y0、Y1 之间,还有 X3、X4 相互构成互锁,这种互锁称为内部软互锁。

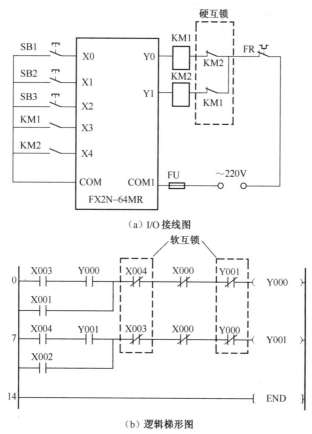

(a) I/O 接线图

(b) 逻辑梯形图

图 4-10 三相异步电动机正、反转控制中的硬互锁与软互锁

软互锁作用:防止出现因触点熔焊烧死等外部故障时,本应打开的那只接触器因故障而未打开,PLC 对另一个输出继电器又发生了动作信号,使两只接触器同时处于通电动作状态。设置软互锁后,利用软互锁不接通另一输出继电器,从而防止主电路短路。

硬互锁作用:防止因噪声在 PLC 内部引起运算处理错误,导致出现两个输出继电器同时有输出,使正、反转接触器同时通电动作,造成主电路短路。

总之,使用 PLC 进行正、反转控制时,同时使用软互锁和硬互锁以确保安全是非常必要的。

②防止电弧短路的控制电路。在接触器—继电器的三相异步电动机正、反转控制电路中,利用中间继电器或复合按钮的动作时间差设置电弧互锁电路是很常见的。但由于 PLC 内部触点动作相对接触器—继电器系统来说是瞬时完成的,所以在梯形图中就要充分利用内部定时器,强制性地使输出继电器的切换有一定的延时时间,如图 4-11 所示。

注意定时器 T0 和 T1 起电弧互锁作用,它们分别作用在电动机由正转过渡到反转,或由反转过渡到正转过程中,保证正反转切换时 Y0 和 Y1 的输出变换有一定的时间差,防止接触器 KM1 和 KM2 切换引起电弧短路。

(2)星形—三角形降压启动控制中的互锁保护

星形—三角形降压启动是针对容量较大电动机降压启动的常用方法之一,为了防止电动机出现星形、三角形同时动作引起主电路短路和三角形直接全压启动,我们会在 I/O 接线中设置硬互锁环节,程序中另设软互锁,如图 4-12 所示。

在 I/O 接线图 4-12(a)中,电路主接触器 KM 和三角形全压运行接触器 KM△ 的动合触点

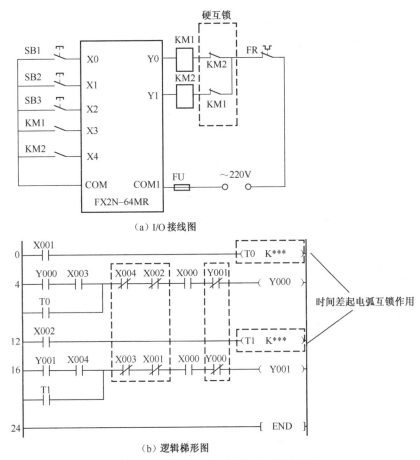

(a) I/O接线图

(b) 逻辑梯形图

图4-11 三相异步电动机的正、反转控制

作为负载信号接于PLC的输入端。输出端外部保留星形和三角形接触器线圈的硬互锁环节。

在梯形图4-12(b)中,与输入信号KM△触点对应的动断触点X3,串接于与启动按钮SB2对应的动合触点X1之后,构成启动条件,也称启动自锁。当接触器KM△发生故障,例如主触点烧死或衔铁卡死打不开时,输入端KM△触点就处于闭合状态,相应的触点X2则为断开状态。这时即使按下启动按钮SB2(X1闭合),Y0也不会有输出,作为负载的KM就无法通电动作,从而有效防止了电动机出现三角形直接全压启动。

在正常工作情况下,通过星形-三角形启动程序在电动机启动结束后,转入正常运转时,梯形图中X2和Y0触点构成自锁环节保证输出继电器Y0有输出,此时输入端KM△触点为闭合状态,梯形图中动断触点X3处于断开状态。

其中定时器T0延时5s,为星形启动所需的时间;定时器T1延时0.5s,用以消除电弧短路。在梯形图中还设置了Y1和Y2之间的软互锁,电动机在全压正常运行时,T0、T1和Y1都停止工作,只有Y0和Y2有输出,保证外电路只有KM和KM△通电工作。

在梯形图4-12(c)中,使用了三个定时器。由星形接法转换为三角形接法时,主接触器KM为断电状态,即电动机是脱离电源的,转换过程时间取决于定时器T0的设定时间。由星形转换为三角形之后,还要经过T2设定的延时时间,才能使T0再接通输出,投入KM,电动机被加全压运行。这种控制方式在电动机从星形启动到三角形运行的过程中,电动机是完全脱离电源的,所以更加安全可靠。

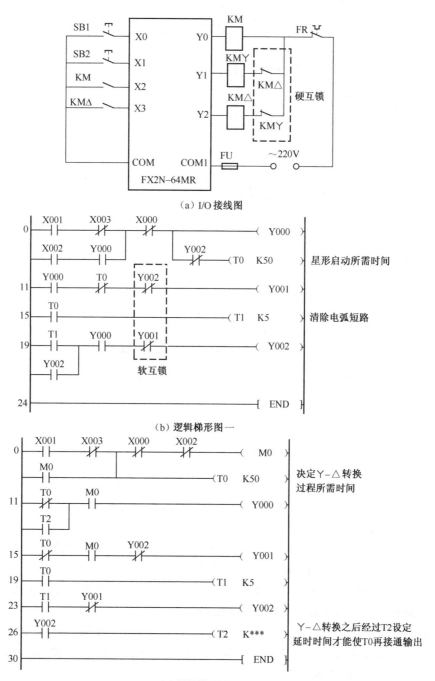

(a) I/O 接线图

(b) 逻辑梯形图一

(c) 逻辑梯形图二

图 4-12 星形－三角形降压启动中的互锁与保护

任务二 锅炉设备的 PLC 控制

1. 任务描述

某锅炉的鼓风机和引风机工作情况如图 4-13 所示：鼓风机比引风机晚 12s 启动，引风机比鼓风机晚 15s 停机。需要设计一个小型的 PLC 控制系统，实现这一锅炉设备控制。

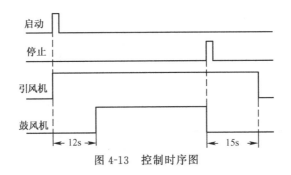

图 4-13 控制时序图

2. 搭建硬件电路

①系统包含两个按钮和两台电动机。所需元器件见表 4-4。

表 4-4 I/O 分配表

元 件	对应 PLC 端子	电路符号	功 能
输入继电器	X0	SB1	启动按钮
	X1	SB2	停止按钮
输出继电器	Y0	KM1	引风机接触器
	Y1	KM2	鼓风机接触器
其他低压电器		FU	熔断器
空气开关		QS	电源总开关

②PLC 的 I/O 接线图如图 4-14 所示。

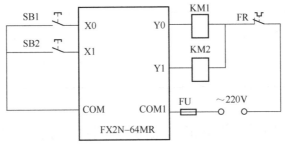

图 4-14 PLC 的外部接线图

3. 编程并调试

要实现本项目任务的控制要求,需要通过两个定时器 T0 和 T1 控制输出继电器 Y0、Y1 得电与失电,从而实现引风机和鼓风机的运行。参考程序如图 4-15 所示。

4. 工作过程(建议学生 2 人~3 人一组,合作完成)

①按照图 4-14 所示电路,完成硬件接线并确认电路正确性。条件允许的情况下(即配备 AC380V 电源的场所)可按图 4-4 所示完成电机主电路的安装连接。

②合上 QS,将编写完成的各步程序分别输入到 PLC 中(该步进行前需要指导老师检查硬件电路的正确性以保证设备的安全运行)。

③将 PLC 运行模式拨动开关拨到 RUN 位置,使 PLC 进入运行模式。

④进行第 4 步调试时可在监控模式下,分别按下按钮 SB2、SB1 观察输出继电器的通断情况,并在表 4-5 空白处将结果填写出来。

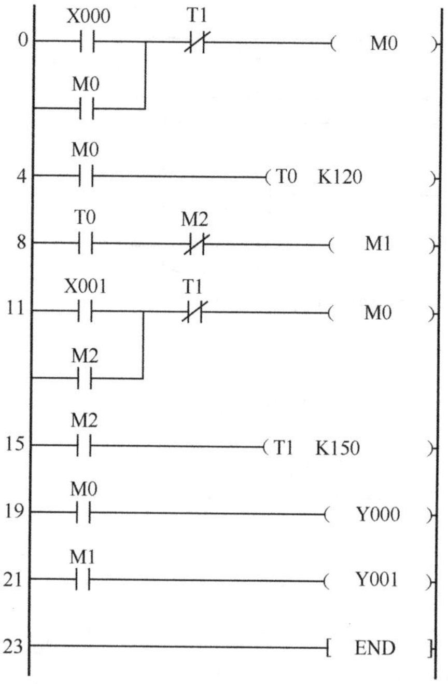

```
      X000    T1
 0    ─┤├────┤/├──────────( M0 )
       M0
      ─┤├─
       M0
 4    ─┤├──────────────────( T0  K120 )
       T0    M2
 8    ─┤├────┤/├──────────( M1 )
      X001    T1
11    ─┤├────┤/├──────────( M0 )
       M2
      ─┤├─
       M2
15    ─┤├──────────────────( T1  K150 )
       M0
19    ─┤├──────────────────( Y000 )
       M1
21    ─┤├──────────────────( Y001 )
23    ──────────────────────[ END ]
```

0	LD	X000	
1	OR	M0	
2	ANI	T1	
3	OUT	M0	
4	LD	M0	
5	OUT	T0	K120
8	LD	T0	
9	ANI	M2	
10	OUT	M1	
11	LD	X001	
12	OR	M2	
13	ANI	T1	
14	OUT	M2	
15	LD	M2	
16	OUT	T1	K150
19	LD	M0	
20	OUT	Y000	
21	LD	M1	
22	OUT	Y001	
23	END		

图 4-15 梯形图及指令语句表

表 4-5 调试动作表

操 作 动 作	PLC 输出继电器通断情况	输出器件的变化情况
按下 SB1(X0 得电)		
SB1 按下后 12s		
按下 SB2		
SB2 按下后 15s		

任务三 PLC 控制工作台实现手动与自动往复运动

1. 任务描述

有一生产用工作台能自动往复运动,工作台的前进及后退是由电动机的正、反转拖动机械装置带动实现的,如图 4-16 所示。此工作台能完成下列操作:

①工作台前进、后退均能实现点动。

②能实现自动往复运动,并能实现以下功能:单循环运行,即工作台前进和后退一次后停止在原位;工作台可 n 次循环计数,即工作台前进、后退一次为一个循环,循环 n 次后停止在原位;能无限次循环,直到按下停止按钮。

2. 搭建硬件电路

①系统主要由多个主令电器和一台拖动工作台运行的三相交流异步电动机组成。所需元器件见表 4-6。

②PLC 的 I/O 接线图如图 4-17 所示。

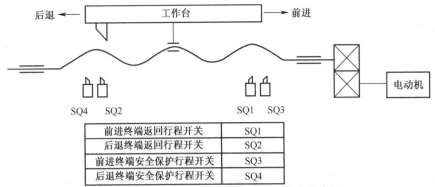

图 4-16 能手动和自动往复运动的工作台示意图

表 4-6 I/O 分配表

元件	对应 PLC 端子	电路符号	功能
输入继电器	X000	SA1	点动/自动选择开关
	X001	SA2	单循环/连续循环选择开关
	X002	SB1	正转启动按钮
	X003	SB2	反转启动按钮
	X004	SB3	停止按钮
	X005	SQ1	前进终端返回行程开关
	X006	SQ2	后退终端返回行程开关
	X007	SQ3	前进终端安全保护行程开关
	X010	SQ4	后退终端安全保护行程开关
	X011	FR	过载保护
输出继电器	Y000	KM1	正转接触器
	Y001	KM2	反转接触器
其他低压电器		FU	熔断器
空气开关		QS	电源总开关

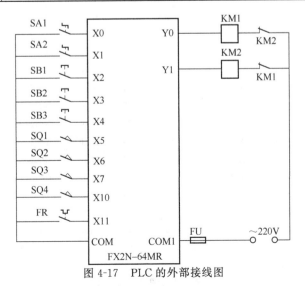

图 4-17 PLC 的外部接线图

73

3. 编程并调试

(1)分析

根据控制要求,可用手动转换开关 SA1 控制点动与自动之间的转换,用手动转换开关 SA2 控制单循环与连续循环之间的转换。

(2)设计思路

当点动/自动选择开关 SA1 扳到接通挡时,程序实现点动功能;当点动/自动选择开关 SA1 扳到断开挡时,程序实现自动往复运动功能。故只需在图 4-17 基础上将 SA1(X000)的常闭触点与 Y000 及 Y001 的自锁触点串联接在梯形图中即可。

当单循环/连续循环选择开关 SA2 扳至接通挡时,程序实现单循环功能;当 SA2 扳至断开挡时,程序实现连续循环功能。故也只需在图 4-17 基础上将 SA2(X001)的常闭触点与后退终端返回行程开关 SQ2(X005)的常开触点串联接在梯形图中即可。

(3)梯形图及指令语句表(图 4-18)

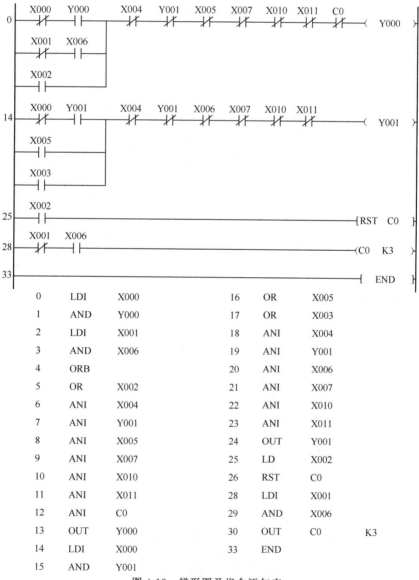

图 4-18 梯形图及指令语句表

4. 工作过程(建议学生 2 人～3 人一组,合作完成)

①按照图 4-17 所示电路,完成硬件接线确认电路正确性。

②合上 QS,将图 4-18 所示各步程序分别输入到 PLC 中(该步进行前需要指导老师检查硬件电路的正确性以保证设备的安全运行)。

③将 PLC 运行模式拨动开关拨到 RUN 位置,使 PLC 进入运行模式。

④进行第 3 步调试时可在监控模式下,模拟工作台运动,观察输出继电器的通断情况,并在表 4-7 空白处将结果填写出来。

表 4-7 调试动作表

操作动作	PLC输出继电器通断情况	输出器件的变化情况
SA1 处于 ON		
SA2 处于 ON		
SB1		
SB2		
SB3		
SQ1		
SQ2		
SQ3		
SQ4		

知识链接二　三相异步电动机常见控制

知识点 1　点动和连续控制

1. 三相异步电动机点动控制

三相异步电动机点动控制,是指当按下按钮时,电动机单向启动运转;当松开按钮时,电动机停止运转。

根据三相异步电动机点动控制的特点,采用 PLC 进行控制,只需要一个输入点和一个输出点。

选用 X0 作为按钮 SB 的输入点,Y0 作为接触器 KM 的输出点,则 PLC 接线图如图 4-19 所示。

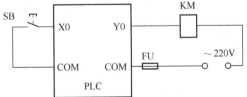

图 4-19 三相异步电动机点动控制电路的接线图

三相异步电动机点动 PLC 控制梯形图及指令语句表如图 4-20 所示。

2. 三相异步电动机连续运转控制

三相异步电动机连续运转控制电路的特点是:当按下启动按钮时,电动机启动并连续运转;当按下停止按钮时,电动机停止运行。

根据三相异步电动机连续运转控制电路的特点,三相异步电动机连续运转控制电路的 PLC 控制设计如下:

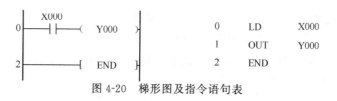

图 4-20 梯形图及指令语句表

(1)I/O 地址分配(表 4-8)

表 4-8 I/O 地址分配

输入信号			输出信号		
设备名称	代号	输入点编号	设备名称	代号	输出点编号
启动按钮	SB1	X0	接触器	KM	Y0
停止按钮	SB2	X1			
热继电器	FR	X2			

(2)接线图(图 4-21)

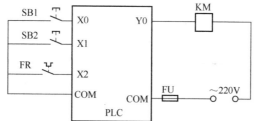

图 4-21 三相异步电动机连续运转控制电路的接线图

(3)程序设计(图 4-22)

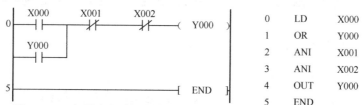

图 4-22 三相异步电动机连续运转控制电路的梯形图及指令语句表

3. 既能点动控制又能连续运行的控制电路

三相异步电动机既能点动控制又能连续运行控制电路的特点是:电动机 M 既可单向连续运转,又可单向点动运转。当按下单向连续运转启动按钮时,M 启动并连续运转,按下停止按钮 M 停止运转;当按下点动按钮时,M 点动运转。

其 PLC 控制电路设计如下:

(1)I/O 地址分配(表 4-9)

表 4-9 I/O 地址分配

输入信号			输出信号		
设备名称	电路符号	输入点编号	设备名称	电路符号	输出点编号
连续启动按钮	SB1	X0	接触器	KM	Y0
点动按钮	SB2	X1			
停止按钮	SB3	X2			
热继电器	FR	X3			

(2)接线图(图4-23)

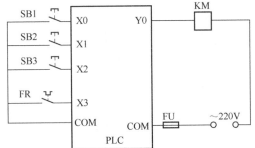

图4-23 三相异步电动机点动+连续控制电路的接线图

(3)程序设计(图4-24)

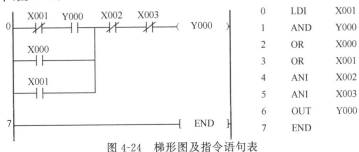

图4-24 梯形图及指令语句表

知识点2 三相异步电动机正反转控制

在生产过程中,往往要求电动机能够实现正反两个方向的转动,如起重机吊钩的上升与下降,机床工作台的前进与后退等。由电动机原理可知,只要把电动机的三相电源进线中的任意两相对调,就可改变电动机的转向。因此正/反转控制电路实质上是两个方向相反的单向运行电路,所以将两个方向相反的单向运行电路设计进行组合即可。为了避免误动作引起电源相间短路,必须在这两个相反方向的单向运行电路中加设必要的互锁。

1. 三相异步电动机双重联锁正/反转控制

双重联锁,就是正/反转启动按钮的动断触点互相串接在对方的控制回路中,而正/反转的接触器的动断触点也互相串接在对方的控制回路中,从而起到了按钮和接触器双重联锁的作用。

其控制电路的工作特点:当按下电动机 M 的正转启动按钮时,M 正向启动(逆时针方向)并连续运转;当按下电动机 M 的反转启动按钮时,M 反向启动(顺时针方向)并连续运转。其中,双方的启动按钮和接触器的动断触点分别串接在对方控制回路中,起到联锁作用,所以想转换运行方向必须先按停止按钮。

其 PLC 控制电路设计如下:

(1)I/O 地址分配(表4-10)

表4-10 I/O 地址分配

输入信号			输出信号		
设备名称	电路符号	输入点编号	设备名称	电路符号	输出点编号
正转启动按钮	SB1	X0	正转接触器	KM1	Y0
反转启动按钮	SB2	X1	反转接触器	KM2	Y1
停止按钮	SB3	X2			
热继电器	FR	X3			

(2)接线图(图 4-25)

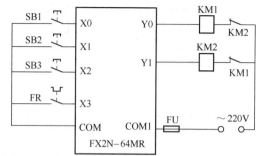

图 4-25 三相异步电动机双重联锁正/反转控制接线图

(3)程序设计(图 4-26)

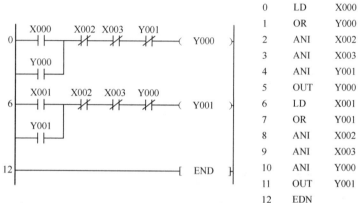

图 4-26 梯形图及指令语句表

2. 自动往复控制

自动往复电路的控制特点是:当按下电动机的正转启动按钮时,电动机正向启动运转,并带动工作台正向前进;当正向前进至终点时,压下正向限位行程开关,电动机则反向运转,并带动工作台反向后退;当反向后退至终点时,压下反向限位行程开关,电动机又正向运转。

同理,当按下电动机的反转启动按钮时,电动机首先反向启动运转,其他与正转的情况类似。

其 PLC 控制电路设计如下:

(1)I/O 地址分配(表 4-11)

表 4-11 I/O 地址分配

输 入 信 号		
设备名称	电路符号	输入点编号
停止按钮	SB1	X0
正转启动按钮	SB2	X1
反转启动按钮	SB3	X2
前进终端返回行程开关	SQ1	X3
后退终端返回行程开关	SQ2	X4
前进终端安全保护行程开关	SQ3	X5
后退终端安全保护行程开关	SQ4	X6
热继电器	FR	X7
输 出 信 号		
设备名称	电路符号	输出点编号
正转接触器	KM1	Y0
反转接触器	KM2	Y1

(2)接线图(图 4-27)

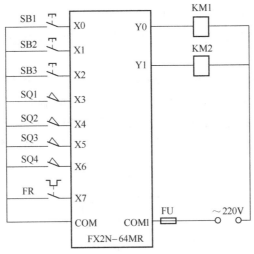

图 4-27 自动往复控制电路接线图

(3)程序设计(图 4-28)

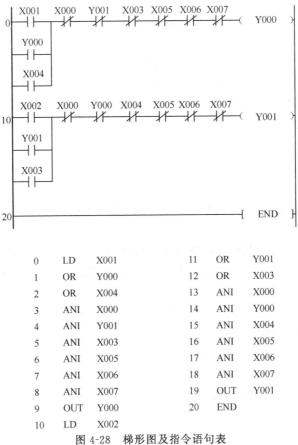

0	LD	X001	11	OR	Y001
1	OR	Y000	12	OR	X003
2	OR	X004	13	ANI	X000
3	ANI	X000	14	ANI	Y000
4	ANI	Y001	15	ANI	X004
5	ANI	X003	16	ANI	X005
6	ANI	X005	17	ANI	X006
7	ANI	X006	18	ANI	X007
8	ANI	X007	19	OUT	Y001
9	OUT	Y000	20	END	
10	LD	X002			

图 4-28 梯形图及指令语句表

设计思路：

①按正转启动按钮 SB2(X1)，Y0 通电并自锁。

②按反转启动按钮 SB3(X2)，Y1 通电并自锁。

③正、反转启动按钮和前进、后退终端返回行程开关的常闭触点相互串接在对方的线圈回路中，形成联锁的关系。

④前进、后退终端安全保护行程开关动作时，电动机 M 停止运行。

a. 热继电器触点。若 PLC 的输入点数较多，热继电器的动断触点可占用 PLC 的输入点，若输入点数不多，热继电器的动断触点可接在 PLC 的外部控制电路中，如图 4-29 所示。热继电器选择动断触点实施过载保护较好，若选择动合触点不利于电路有开路故障的排查。

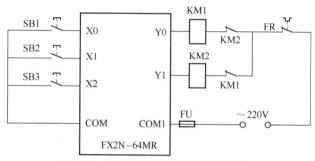

图 4-29 热继电器触点的连接方式之一

b. 正反转控制时，PLC 的输出端 KM1 和 KM2 线圈回路中要串接对方的一个动断触点（KM2 和 KM1），防止 PLC 内部工作失灵，此方法称为电气互锁。

c. 机械互锁。除电气互锁外，还采用复合按钮组成的机械互锁环节，构成电气和机械双重互锁，以求线路工作更加可靠。

知识点 3 三相异步电动机的顺序控制

1. 控制说明

三相异步电动机顺序控制，就是两台电动机 M1 和 M2 按约定的顺序启动或按约定的顺序停止。

在接触器—继电器的三相异步电动机顺序控制电路中，分主电路顺序控制和控制电路顺序控制，如图 4-30 所示。但在 PLC 控制电路中，主要考虑控制电路顺序控制的形式。

2. 进行 PLC 控制系统设计

(1)I/O 地址分配(表 4-12)

(2)接线图(图 4-31)

(3)程序设计(设计思路与步骤)(图 4-32)

①当按下电动机 M1 启动按钮 SB1(X0)时，Y0 得电并自锁，电动机 M1 启动运转；同时 Y0 的常开触点闭合，为接通 Y1 做好准备。

②当 Y0 闭合后，按下电动机 M2 的启动按钮 SB2(X1)时，Y1 得电并自锁，电动机 M2 启动运转。

③当按下停止按钮 SB3，过载动作时，电动机 M1、M2 失电停转。

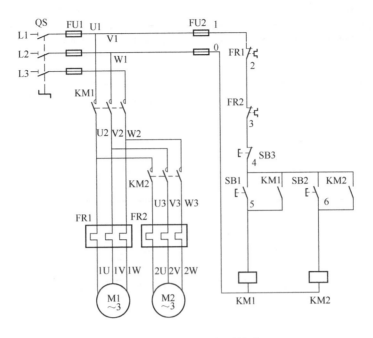

(a) 主电路顺序控制电路

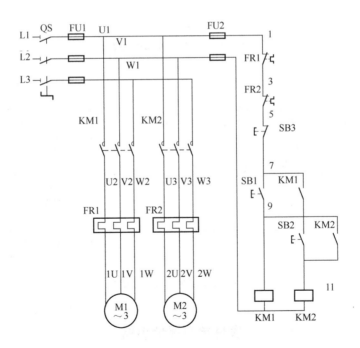

(b) 控制电路顺序控制电路

图 4-30 接触器—继电器的三相异步电动机顺序控制电路

表 4-12 I/O 地址分配

输入信号			输出信号		
设备名称	电路符号	输入点编号	设备名称	电路符号	输出点编号
M1 启动按钮	SB1	X0	M1 接触器	KM1	Y0
M2 启动按钮	SB2	X1	M2 接触器	KM2	Y1
电路总停止按钮	SB3	X2			
M1 热继电器	FR1	X3			
M2 热继电器	FR2	X4			

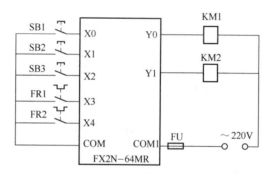

图 4-31 PLC 的外部接线图

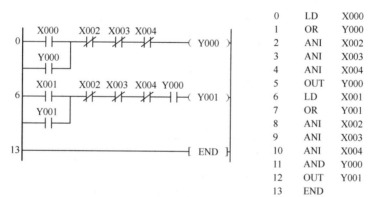

图 4-32 参考梯形图及指令语句表

项目学习评价小结

1. 学生自我评价(思考题)

①PLC 控制三相交流异步电动机要注意哪些保护措施？在过载保护时，有软件保护和硬件保护，两者有何区别？

②在项目任务三调试过程中，是否发现还可以用其他一些基本指令来实现其动作要求，如主控及主控复位指令？

2. 项目评价报告表

专业：			班级：	学员姓名：				
项目完成时间：			年　月　日—	年　月　日				
评价项目			评价标准	评价依据(信息、佐证)	评价方式		权重	得分小计	总分
					小组评价	教师评价			
					0.4	0.6			
职业素质			1. 遵守课堂管理规定。 2. 按时完成学习任务。 3. 工作积极主动、勤学好问，积极参与讨论。 4. 具有较强的团队精神、合作意识	项目训练表现			20分		
专业能力	程序编写		1. 程序输入正确。 2. 符合编程规则。 3. 能实现预定控制	1. 书面作业和训练报告。 2. 项目任务完成情况记录			70分		
	外部接线		1. 接线过程中遵守安全操作制度，操作规范。 2. 外部接线正确，连接到位，是否设计了相应的保护措施						
	调试与排故		1. 能对元件的动作进行监控，会修改元件参数。 2. 对遇到的故障能及时正确排除						
创新能力			能够推广、应用国内相关专业的新工艺、新技术、新材料、新设备	1."四新"技术的应用情况			10分		
指导教师综合评价			指导老师签名：			日期：			

3. 本项目训练小结

通过本项目学习我们进一步明确了继电器－接触器控制与PLC控制之间存在的不同点；熟悉并掌握了应用PLC控制三相异步电动机的基本步骤和方法；能熟练运用PLC的基本指令编写程序；在实践中可以拓宽思路、团结合作，找出解决问题的更好的方法。

可以看到，PLC控制三相交流异步电动机的程序设计并不是十分复杂，程序也较短，调试难度并不大。但是通过项目训练可以发现，为保证三相交流电动机在运行过程中的安全性和可靠性，在软硬件电路设计时，必须要考虑到对电机的保护处理。保护处理也是三相交流异步电动机在PLC控制中最为关键的环节，希望读者以后在学习和工作中要具备这方面的意识。

项目五 顺序控制

项目情景展示

顺序控制是按照生产工艺预先规定的顺序,在不同输入信号作用下,根据内部状态和时间的顺序,使生产过程中的每个执行机构(电动机、汽缸、指示灯)自动、有步骤地进行操作。

图 5-1 所示为一自动门控制场景,整个设备动作按照"检测到车接近——门开——确认通过——门关"的顺序自动循环执行。这时就可以按照这个顺序进行自动门的控制了。顺序控制在各行各业中的应用非常广泛,除了自动门还有工业机械手搬物控制(原位——下降——夹紧——上升——右移——下降——放松——上升——左移)、霓虹灯闪烁控制、电动机的顺序启动停止控制等都要用到顺序控制。

图 5-1 自动门控制场景

项目学习目标

学 习 目 标		学习方式	学时分配
技能目标	1. 掌握步进指令的基本使用方法。 2. 会根据任务要求画出单序列状态转移图,会利用步进顺控指令写出梯形图。 3. 会根据复杂的控制要求画出选择序列分支和并行序列分支的状态转移图,会利用步进顺控指令写出梯形图	讲授、实际操作	10
知识目标	1. 学习三菱 FX 系列可编程控制器两条步进指令及其使用方法。 2. 掌握状态转移图的画法及使用。 3. 能看懂气动原理图	讲授	6

任务一　气动机械手的 PLC 控制

1. 任务描述

机械手是机电一体化设备或自动化生产系统中常用的装置,用来搬运物件或代替人工完成某些操作,提高生产效率。

图 5-2 所示为一个将工件由 A 处传送到 B 处的机械手,上升/下降和左移/右移的执行用双线圈二位电磁阀推动汽缸完成。当某个电磁阀线圈通电,就一直保持现有的机械动作,例如一旦下降的电磁阀线圈通电,机械手下降,即使线圈再断电,仍保持现有的下降动作状态,直到相反方向的线圈通电为止。另外,夹紧/放松由单线圈二位电磁阀推动汽缸完成,线圈通电执行夹紧动作,线圈断电时执行放松动作。设备装有上、下限位开关和左、右限位开关。

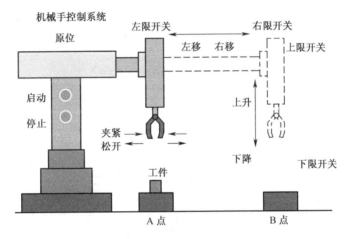

图 5-2　机械手示意图

初始状态时机械手应在原位,即左限开关和上限开关均闭合,此时按下启动按钮后,机械手手臂下降至 A 处→ 手爪将工件夹紧,1s 后,手臂上升→ 手臂右移→然后手臂下降→ 手爪放松,将工件放到 B 处。机械手放下夹持的工件 1s 后,手臂上升→左移至原位后停止,等待下一次启动。

2. 搭建硬件电路

① 根据任务描述,PLC 需要 5 个输入点、5 个输出点,具体 I/O 分配如表 5-1 所列。

表 5-1　I/O 分配表

输入	作用及对应的输入设备	输出	作用及对应的输出设备
X0	启动按钮 SB1	Y0	下降电磁阀线圈 KM1
X1	下限位开关 SQ1	Y1	上升电磁阀线圈 KM2
X2	上限位开关 SQ2	Y2	右行电磁阀线圈 KM3
X3	右限位开关 SQ3	Y3	左行电磁阀线圈 KM4
X4	左限位开关 SQ4	Y4	夹紧/松开电磁阀线圈 KM5

②由 I/O 分配表画出 PLC 的外部接线图,如图 5-3 所示。
③机械手气动原理图如图 5-4 所示。

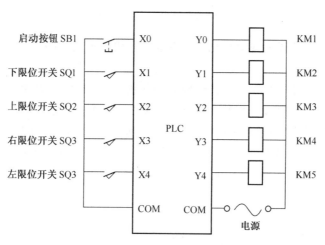

图 5-3　机械手的 PLC 外部接线图

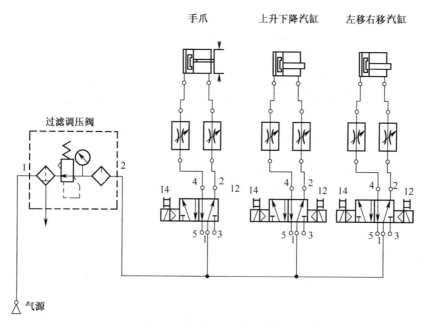

图 5-4　机械手气动原理图

机械手气动执行元件部分是单出杆汽缸,气动控制元件部分有单控电磁换向阀和双控电磁换向阀,虚线框为气源处理部分。

3. 编程并调试

①从上述的任务要求中,可以知道:本任务实际上是一个顺序控制,整个控制过程可分为如下 9 个工序(也叫阶段):初始步、机械手下降、机械手夹紧、机械手上升、机械手右移、机械手下降、机械手放松、机械手上升、机械手左移。用 S0 表示初始步,分别用 S20～S27 表示其余各步,

用各个限位开关、按钮和定时器所提供的信号作为各步之间的转换条件,由此画出状态转移图,如图 5-5 所示。

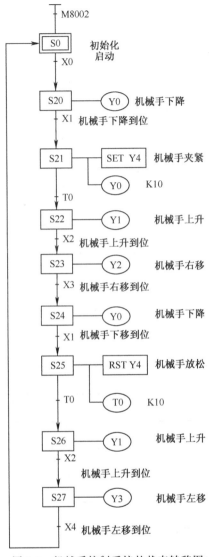

图 5-5 机械手控制系统的状态转移图

②用步进顺控指令设计出参考梯形图如图 5-6 所示。

4. 工作过程(建议学生 4 人一组,合作完成)

①按照图 5-3 所示电路,完成硬件接线。
②按照图 5-4 所示气动回路正确连接汽缸及其控制回路。
③根据 I/O 分配表,编写正确梯形图;将图 5-6 所示程序传送至 PLC。
④打开气源开关并合上 QS,调试系统。调试时要注意动作顺序,运行后先导通 X0(模拟启动),再依次导通 X1、X2、X3 等,分别模拟各个限位开关,每次操作都要监控各输出和相关定时器的变化,检测是否满足要求;将调试动作情况填入表 5-2。

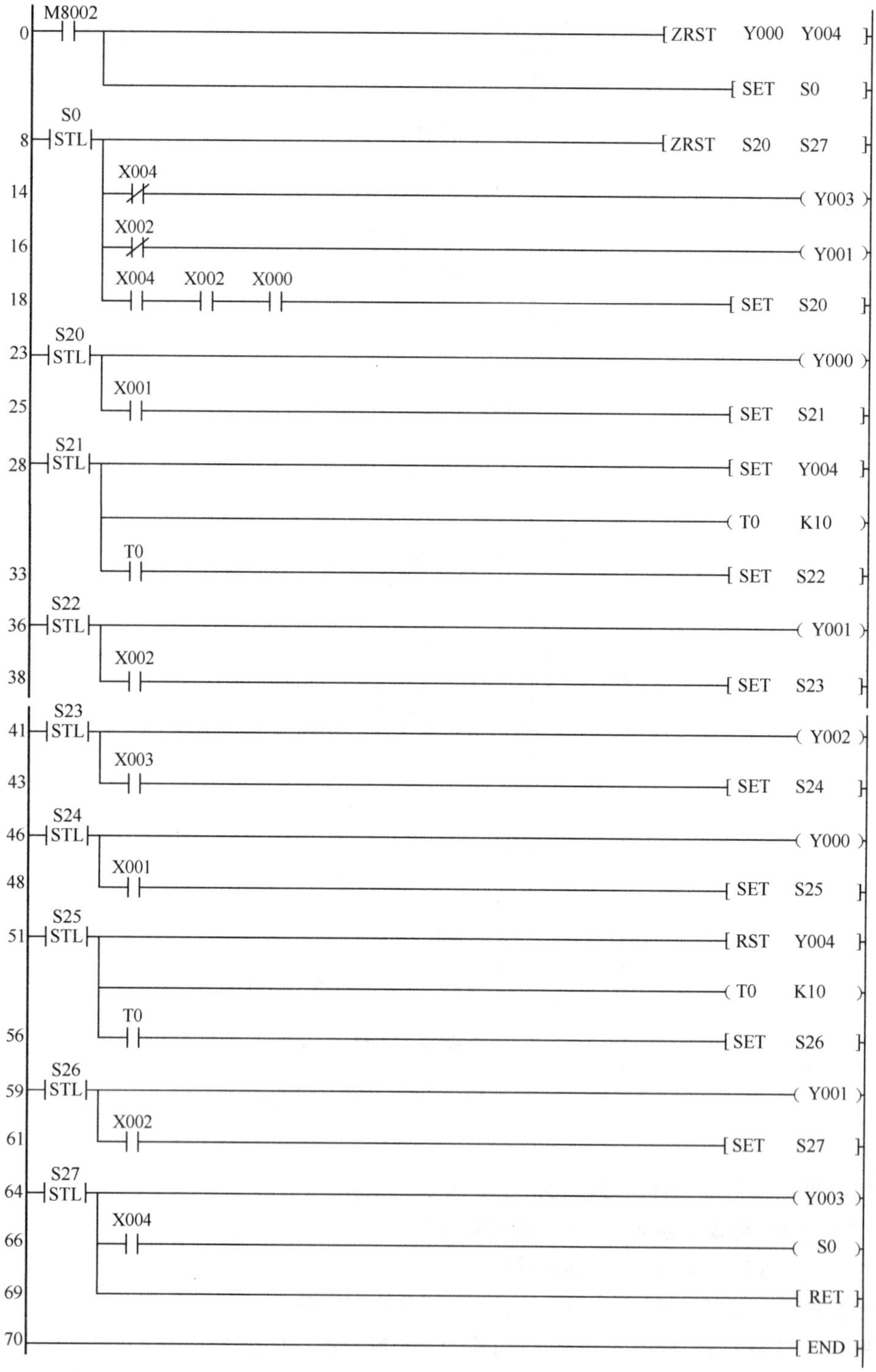

图 5-6 机械手控制系统的参考梯形图(STL 图)

表 5-2 调试动作表

输入或操作动作	PLC内部继电器通断情况	汽缸动作情况
上电运行		
X0 得电		
X1 得电		
X2 得电		
X3 得电		
X4 得电		

知识链接一　顺序控制设计方法

知识点 1　气动相关知识

1. 气动自动化控制技术

利用压缩空气作为传递动力或信号的工作介质,配合气动控制系统的主要气动元件,与机械、液压、电气、电子(包括 PLC 控制器和计算机)等部分或全部综合构成的控制回路,使气动元件按生产工艺要求的工作状况,自动按设定的顺序或条件动作的一种自动化技术。

2. 气动系统的组成

如图 5-7 所示,气动系统主要由气源装置、控制元件、执行元件及一些气动辅助元件组成,其中气源装置包括空气压缩机和空气净化处理装置,控制元件包括压力控制阀、流量控制阀和方向控制阀,执行元件包括单作用汽缸、双作用汽缸、摆动汽缸等,气动辅助元件中使用的检测元件一般有电感式传感器、光电式传感器和磁行程开关。

3. 气动最小回路图及工作原理

如图 5-8 所示,该气路图的工作原理是当电磁阀线圈 YA1 得电时,气压使活塞伸出工作;当电磁阀线圈 YA0 得电时,气压使活塞缩回工作。

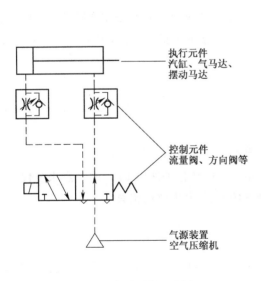

图 5-7　气动系统组成图

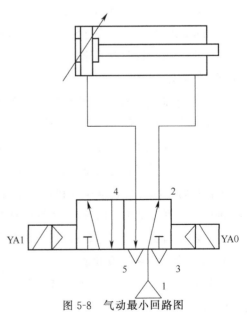

图 5-8　气动最小回路图

知识点 2　顺序控制概述

1. 顺序控制系统

如果一个控制系统可以分解成几个独立的控制动作,且这些动作必须严格按照一定的先后次序执行才能保证生产过程的正常运行,这样的控制系统称为顺序控制系统,也称为步进控制系统,其控制总是一步一步按顺序进行。在工业控制领域中,顺序控制系统的应用很广,尤其在机械行业,几乎无例外地利用顺序控制来实现加工的自动循环。

2. 顺序控制

顺序控制就是按照一定的顺序逐步控制来完成各个工序。这种方法规律性很强,容易被初学者接受,同时程序结构清晰、可读性强。在采用顺序控制时,为了直观反映控制过程,需要先绘制状态转移图。

3. 顺序控制设计法

顺序控制设计法很容易被初学者接受,利用这种先进的编程方法,初学者也很容易编出复杂的顺序控制程序,三菱的小型 PLC 在基本逻辑指令之外增加了两条简单的步进顺序控制指令,同时辅之以大量状态元件,用于编制复杂的顺序控制程序。

顺序控制设计法的步骤如下:先将整个控制过程可分为若干个工序(也叫步),接着用各个限位开关、按钮、定时器和计数器等所提供的信号作为各步之间的转换条件,由此画出状态转移图,再用步进顺控指令设计出相关梯形图。

知识点 3　状态转移图及步进指令

1. 状态转移图的组成

状态转移图由步、转换条件和工作任务组成,用矩形框表示各步,每一步都用状态继电器记录,如图 5-5 中 S0、S20 等,初始步用双线框。每一步都有自己的工作任务(如驱动 Y0、Y1、T0 等),步与步之间的短横线旁标注转换条件,从启动开始,由上而下随着状态动作的转移,下一状态动作时上一状态自动返回原状态,这样使每一步的工作互不干扰,不必考虑不同步之间元件的互锁,使其设计清晰。

2. 设计单流程状态转移图的方法和步骤

①将整个控制过程按任务要求分解,其中的每一个工序都对应一个状态(即步),将每一步用 PLC 的一个状态继电器来替代。

②将每一步要完成的工作(或动作)用 PLC 的线圈指令或功能指令来替代。

③找出每个状态的转移条件和转移方向,各个步之间的转移条件用 PLC 的触点来替代,状态的转移条件可以是单一的触点,也可以是多个触点的串、并联电路的组合。

④根据控制要求或工艺要求,画出状态转移图。

3. 步进指令的名称及功能

三菱 FX2N 系列 PLC 有两条步进指令:STL 和 RET。利用这两条指令,可以很方便地编制梯形图程序。

步进指令名称及功能如表 5-3 所列。

表 5-3 步进指令名称及功能表

指令名称	功能
STL	步进开始指令,该指令的操作元件为状态继电器
RET	步进结束指令,该指令无操作元件

4. 步进指令使用时的注意事项

①与 STL 触点相连的触点应使用 LD 或 LDI 指令,即 LD 点移到 STL 触点的右侧,直到出现下一条 STL 指令或出现 RET 指令。RET 指令通常用在一系列步进开始指令的最后,表示状态流程的结束并返回到主母线。

②STL 触点一般是与左侧母线相连的常开触点,当某一步为活动步时,对应的 STL 触点接通,该步的负载线圈被驱动。当该步的转换条件满足时,后继步对应的状态继电器被 SET 或 OUT 指令置位,后继步变为活动步,同时原活动步对应的 STL 触点断开。

③STL 触点可以直接驱动或通过别的触点驱动 Y、M、S、T 等元件的线圈和应用指令。

④由于 CPU 只执行活动步对应的电路块,因此使用 STL 指令时允许双线圈输出,但同一元件的线圈不能在同时为活动步的 STL 区域内出现。同一定时器的线圈可以在不同的步使用,但是最好不要用于相邻的两步,否则有可能导致定时器的非正常运行。

⑤在步的活动状态的转移过程中,相邻两步的状态继电器会同时 ON 一个扫描周期,可能会引发瞬时的双线圈问题。

⑥与普通的辅助继电器一样,可以对状态寄存器使用 LD、LDI、AND、ANI、OR、ORI、SET、RST、OUT 等指令,这时状态器触点的画法与普通触点的画法相同。

⑦STL 触点右边不能紧跟着使用入栈(MPS)指令。STL 指令不能与 MC、MCR 指令一起使用。在 FOR、NEXT 结构中、子程序和中断程序中,不能有 STL 程序块,但 STL 程序块中可允许使用最多 4 级嵌套的 FOR、NEXT 指令。

任务二 工业现场的顺序控制

1. 任务描述

某组合钻床用来加工圆盘状零件上均匀分布的 6 个孔,如图 5-9 所示,操作人员放好工件后,按下启动按钮,工件被夹紧,夹紧后压力传感器接通,大小钻头同时向下进给,大钻头钻到位时(即大钻头下限位开关接通),大钻头退回到位(即大钻头上限位开关接通)停止。小钻头钻到位时(即小钻头下限位开关接通),小钻头退回到位(即小钻头上限位开关接通)停止,大小钻头都退回到位后,工件台旋转 120°,旋转到位时(即旋转到位限位开关接通),又开始钻第二对孔。等三对孔都钻完后,工件松开,松开到位时(即松开到位限位开关接通),系统返回初始状态。其中工件的夹紧和松开由双线圈二位电磁阀推动液压缸完成。本任务要求用 PLC 来控制组合钻床。

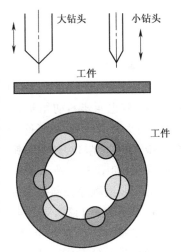

图 5-9 某组合钻床示意图

2. 搭建硬件电路

①根据任务描述,PLC 需要 8 个输入点、7 个输出点,具体

I/O 分配如表 5-4 所列。

表 5-4 I/O 地址分配表

输入	作用	输出	作用
X0	启动按钮 SB1	Y0	工件夹紧电磁阀线圈 KM0
X1	压力传感器	Y1	大钻头下进给电磁阀线圈 KM1
X2	大钻头下限位开关 SQ2	Y2	大钻头退回电磁阀线圈 KM2
X3	大钻头上限位开关 SQ3	Y3	小钻头下进给电磁阀线圈 KM3
X4	小钻头下限位开关 SQ4	Y4	小钻头退回电磁阀线圈 KM4
X5	小钻头上限位开关 SQ5	Y5	工件旋转电磁阀线圈 KM5
X6	工件旋转限位开关 SQ6	Y6	工件松开电磁阀线圈 KM6
X7	松开到位限位开关 SQ7		

② 由 I/O 分配表画出 PLC 的外部接线图,如图 5-10 所示。

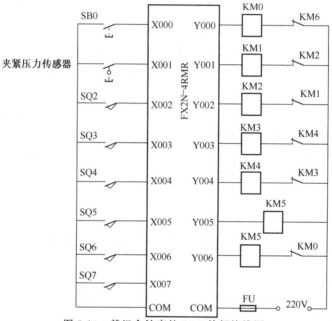

图 5-10 某组合钻床的 PLC 外部接线图

3. 编程并调试

① 从上述的任务要求中,可以知道:本任务也是一个顺序控制,整个控制过程可分为如下 10 个工序(也叫步):初始步、工件夹紧、大钻头下进给、大钻头退回、大钻头等待、小钻头下进给、下钻头退回、小钻头等待、工件旋转、工件松开。用 S0 表示初始步,分别用 S20~S28 表示其余各步,用各个限位开关、按钮和计数器等所提供的信号作为各步之间的转换条件,由此画出状态转移图,如图 5-11 所示。该状态转移图中包含了选择序列分支和并行序列分支。

② 用步进顺序控制指令设计出参考梯形图如图 5-12 所示。

4. 工作过程(建议学生 4 人一组,合作完成)

① 按照图 5-10 所示电路,完成硬件接线,确定电路的正确性。

② 根据 I/O 分配表 5-4,编写正确梯形图;将图 5-12 所示程序传送至 PLC。(可用图 5-11 所示 SFC 输入程序也可直接输入图 5-12 所示程序)

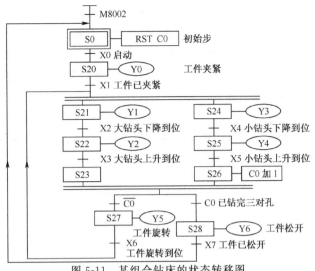

图 5-11 某组合钻床的状态转移图

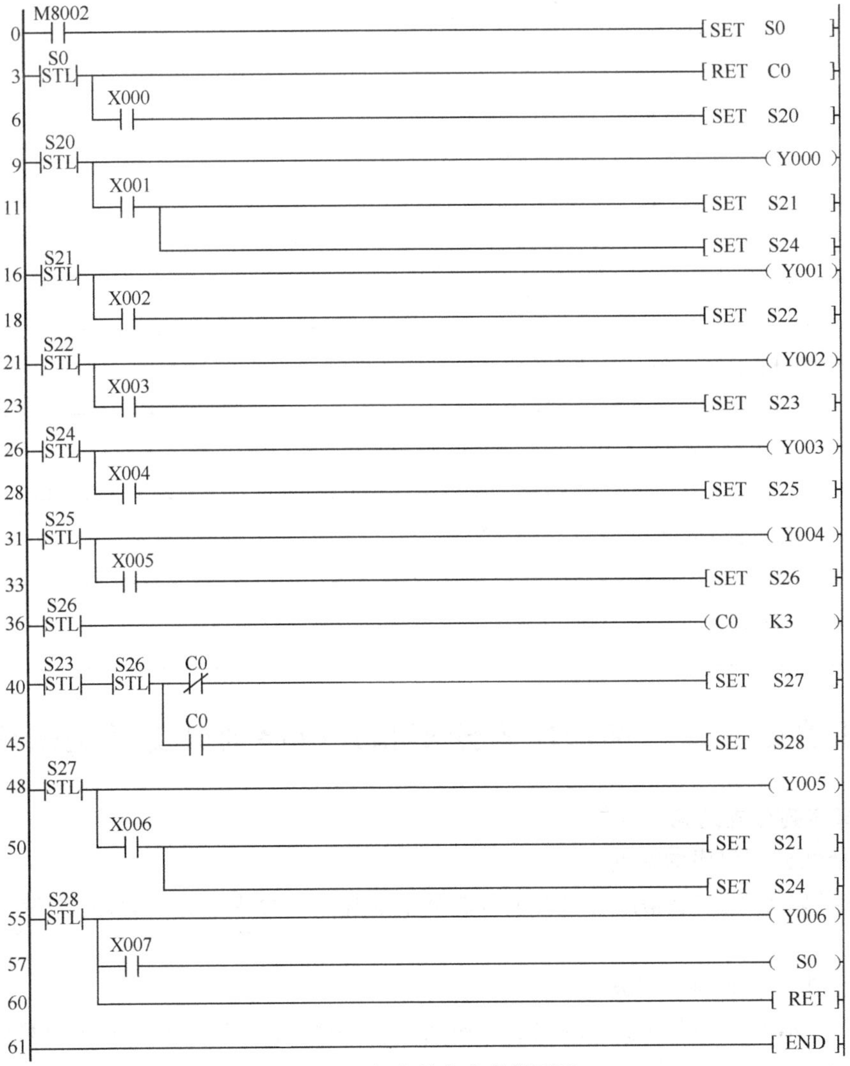

图 5-12 组合钻床参考梯形图

③合上 QS,进行系统调试。调试时要注意动作顺序,调试时应注意以下问题:

a. 检查旋转到位但是未到设定的循环次数时,系统是否能返回步 S21 和步 S24。

b. 检查经过设定的循环次数后,系统是否能转换到步 S28 和返回初始步 S0。

c. 检查选择序列的每一条支路的运行情况是否符合状态转移图的要求。

d. 注意并行序列中的步 S21 和 S24 是否同时变为活动步,步 S23 和 S26 是否同时变为不活动步。

e. 每次操作都要监控各输出和计数器的变化,检测是否满足要求;将调试动作情况填入表 5-5。

表 5-5　调试动作表

输入或操作动作	PLC 内部继电器动作情况	线圈动作
按下启动按钮 SB1		
压力传感器 X1 得电		
按下大钻头下限位开关 SQ2		
按下大钻头上限位开关 SQ3		
按下小钻头下限位开关 SQ4		
按下小钻头上限位开关 SQ5		
按下工件旋转限位开关 SQ6		
按下松开到位限位开关 SQ7		
C0 计满三次后		

知识链接二　选择序列分支和并行序列分支相关知识

1. 选择序列分支的编程方法

(1)选择性分支程序的特点

由两个及以上的分支程序组成的,但只能从中选择一个分支执行的程序,称为选择性分支程序。

(2)选择性分支的编程方法

图 5-11 所示的步 S23 和步 S26 之后有两条支路,两个转换条件分别为 C0 和 $\overline{C0}$,可以分别进入步 S28 和 S27,如图 5-13 所示。

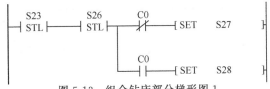

图 5-13 组合钻床部分梯形图 1

2. 并行性分支的编程方法

(1) 并行性分支程序的特点

由两个及以上的分支程序组成的,但必须同时执行各分支的程序,称为并行性分支程序。

(2) 并行性分支的编程方法

图 5-11 所示的状态转移图中,由 S21~S23 和 S24~S26 组成的两个单序列是并行工作的,设计梯形图时要保证这两个序列同时开始工作和同时结束。并行性分支的处理很简单,在图 5-14 所示的梯形图中,用步 S20 的 STL 触点和 X1 的常开触点组成的串联电路作为条件,用 SET 指令同时置位 S21 和 S24,两个序列同时工作;用 S23 和 S26 的 STL 触点和 C0 的常闭触点组成的串联电路使 S27 置位,S23 和 S26 同时变为不活动步,两个序列同时结束。注意,并行性分支的汇合最多能实现 8 个分支的汇合。如果不涉及并行序列的合并,同一状态器的 STL 触点只能在梯形图中使用一次。

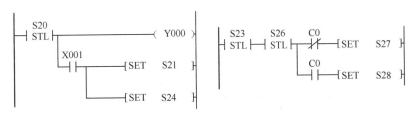

图 5-14 组合钻床部分梯形图 2

3. 选择和并行分支中使用步进指令时注意事项

①STL 指令只能用于状态寄存器,在没有并行序列时,一个状态寄存器的 STL 触点在梯形图中只能出现一次。并行流程或选择流程中每一分支状态的支路数不能超过 8 条,总的支路数不能超过 16 条。

②状态之间的转向,可以用 SET,也可以用 OUT。如需要从某一步返回到初始步时,一般应对初始状态继电器使用 OUT 指令。

③对选择序列和并行序列编程的关键在于对它们的分支和合并的处理,转换实现的基本规则是设计复杂系统梯形图的基本准则。与单序列不同的是,在选择序列和并行序列的分支、合并处,某一步或某一转换可能有几个前级步或几个后续步,在编程时应注意这个问题。

项目学习评价小结

1. 学生自我评价(思考题)

①在任务一中增加一个停止按钮,要求按下停止按钮后,机械手马上停止动作,该程序应做哪些改动?请实现该控制要求。

②如果任务二用基本指令来完成,该程序应做哪些改动?请实现该控制要求。

2. 项目评价报告表

专业：		班级：		学员姓名：			
项目完成时间：		年 月 日 —		年 月 日			
评价项目		评价标准	评价依据（信息、佐证）	评价方式		权重	得分小计	总分
				小组评价	教师评价			
				0.4	0.6			
职业素质		1. 遵守课堂管理规定。 2. 按时完成学习任务。 3. 工作积极主动、勤学好问，积极参与讨论。 4. 具有较强的团队精神、合作意识	实习表现			20分		
专业能力	程序编写	1. 程序输入正确。 2. 符合编程规则。 3. 能实现预定控制	1. 书面作业和训练报告。 2. 实训课题完成情况记录			70分		
	外部接线	1. 接线过程中遵守安全操作制度，操作规范。 2. 外部接线正确，连接到位						
	调试与排故	1. 能对元件的动作进行监控，会修改元件参数。 2. 对遇到的故障能及时正确排除						
创新能力		能够推广、应用国内相关专业的新工艺、新技术、新材料、新设备	1."四新"技术的应用情况。 2. 思考题完成情况。 3. 梯形图有新意			10分		
指导教师综合评价		指导老师签名：		日期：				

3. 本项目训练小结

通过本项目的学习和训练，要熟练掌握状态继电器的使用。会根据控制要求画出符合要求的状态转移图，并利用步进顺序控制指令将状态转移图改画为梯形图。编程过程中要注意选择序列分支和并行序列分支的编程方法，要反复练习并记录程序调试过程中出现的故障现象、原因、排除方法。只有通过不断的练习、不断的总结，才能有进一步的提高，才能积累更多编程经验。

项目六 多种操作方式下的 PLC 控制

项目情景展示

工业设备控制中,有时需要设定多种操作方式的控制,来满足不同条件下的设备操作。例如有一工业现场用气动机械手控制面板如图 6-1 所示,该机械手有五种操作方式,分别由操作方式选择开关进行选择,控制面板上设有六个手动按钮。紧急停车按钮可在紧急情况下切断 PLC 负载电源,排除故障后按下负载电源按钮系统可再次工作。

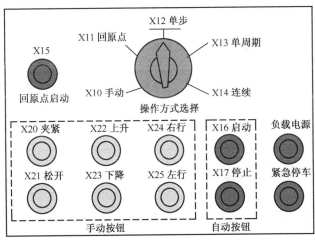

图 6-1 气动机械手控制面板

项目学习目标

	学 习 目 标	学习方式	学时分配
技能目标	1. 进一步熟悉步进顺控指令的使用方法。 2. 会根据任务要求画出具有多种操作方式的状态转移图,并利用步进顺序控制指令和状态初始化指令等画出梯形图	讲授、实际操作	8
知识目标	1. 掌握具有多种操作方式的状态转移图的画法。 2. 掌握状态初始化指令的使用方法	讲授	6

任务 多种操作方式控制下的气动机械手控制

1. 任务描述

如图 6-1 所示操作面板,要求在不同操作方式下,系统具备如下功能:

①手动操作方式:系统的所有动作靠六个手动按钮控制,按下按钮,机械手执行相关动作,松开按钮则停止该动作,各限位开关不起作用。

②回原点操作方式:在选择单周期、连续和单步操作方式之前,要求系统必须处于原位。如果不在原位,就选择回原点工作方式。

③单步操作方式:每按一次自动启动按钮,机械手完成一个步。例如,按一次自动启动按钮机械手开始下降,下降至压动下限位开关时自动停止工作,要运行下一个步,必须再按一次自动启动按钮。单步操作方式常用于调试系统。

④单周期操作方式:当机械手处于原位时,按下自动启动按钮,机械手手臂下降至 A 处→手爪将工件夹紧,1s 后,手臂上升→ 手臂右移→然后手臂下降→ 手爪放松,将工件放到 B 处。机械手放下夹持的工件 1s 后,手臂上升→左移至原位后停止,结束一个周期的动作,再按一次自动启动按钮则开始下一个周期的运行。

⑤连续操作方式:在机械手处于原位时,按下自动启动按钮,机械手反复运行上述一个周期的动作,按下自动停止按钮后,机械手不马上停止工作,而是完成当前周期的工作后,返回原点并停止。

⑥系统原位(即原点)是指机械手左限开关和上限开关均闭合且所有电磁阀线圈断电。

2. 搭建硬件电路

①根据任务描述,PLC 需要 5 个输入点、5 个输出点,具体 I/O 分配如表 6-1 所列。

表 6-1 I/O 分配表

输 入	作用及对应的输入设备	输 出	作用及对应的输出设备
X1	下限位开关 SQ1	Y0	上升电磁阀线圈 KM2
X2	上限位开关 SQ2	Y1	下降电磁阀线圈 KM1
X3	右限位开关 SQ3	Y2	右行电磁阀线圈 KM3
X4	左限位开关 SQ4	Y3	左行电磁阀线圈 KM4
X10	手动	Y4	夹紧/松开电磁阀线圈 KM5
X11	回原点		
X12	单步		
X13	单周期		
X14	连续		
X15	回原点启动		
X16	自动启动		
X17	自动停止		
X20	手动夹紧		
X21	手动松开		
X22	手动上升		
X23	手动下降		
X24	手动右行		
X25	手动左行		

②由 I/O 分配表画出 PLC 的外部接线图,如图 6-2 所示。

PLC 外部负载的供电线路应有失压保护,在图 6-2 中,当特殊情况下需要紧急停车时,按下紧急停车按钮就可以切断负载电源,而与PLC无关,如果临时停电再恢复供电时,必须先按下负载电源按钮,PLC外部负载不能自行启动。气动原理图如图6-3所示。

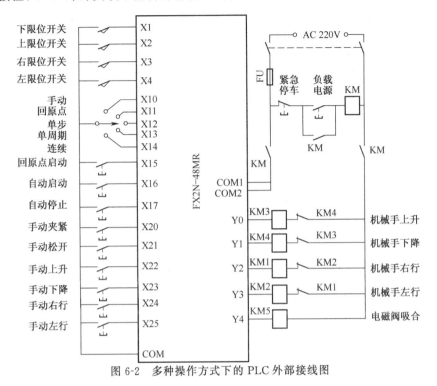

图6-2 多种操作方式下的PLC外部接线图

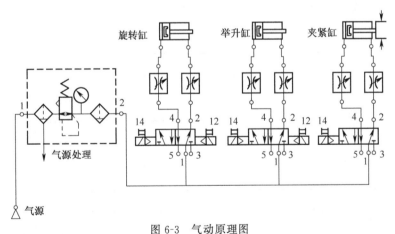

图6-3 气动原理图

3. 编程并调试(图6-4)

4. 工作过程(建议学生4人一组,合作完成)

①按照图6-2所示电路,完成硬件接线。(条件允许情况下可按照图6-3所示正确连接两个汽缸及其控制回路,否则取消气动回路的搭建,按照图6-2所示进行系统模拟调试。)

②根据表6-1和图6-2对应I/O地址分配,编写正确梯形图;将图6-4所示程序传送至PLC。

③打开气源开关并合上QS,调试系统。调试时要注意动作顺序,分别模拟各个限位开关,每次操作都要监控各输出和相关定时器的变化,检测是否满足要求;将调试动作情况填入表6-2。

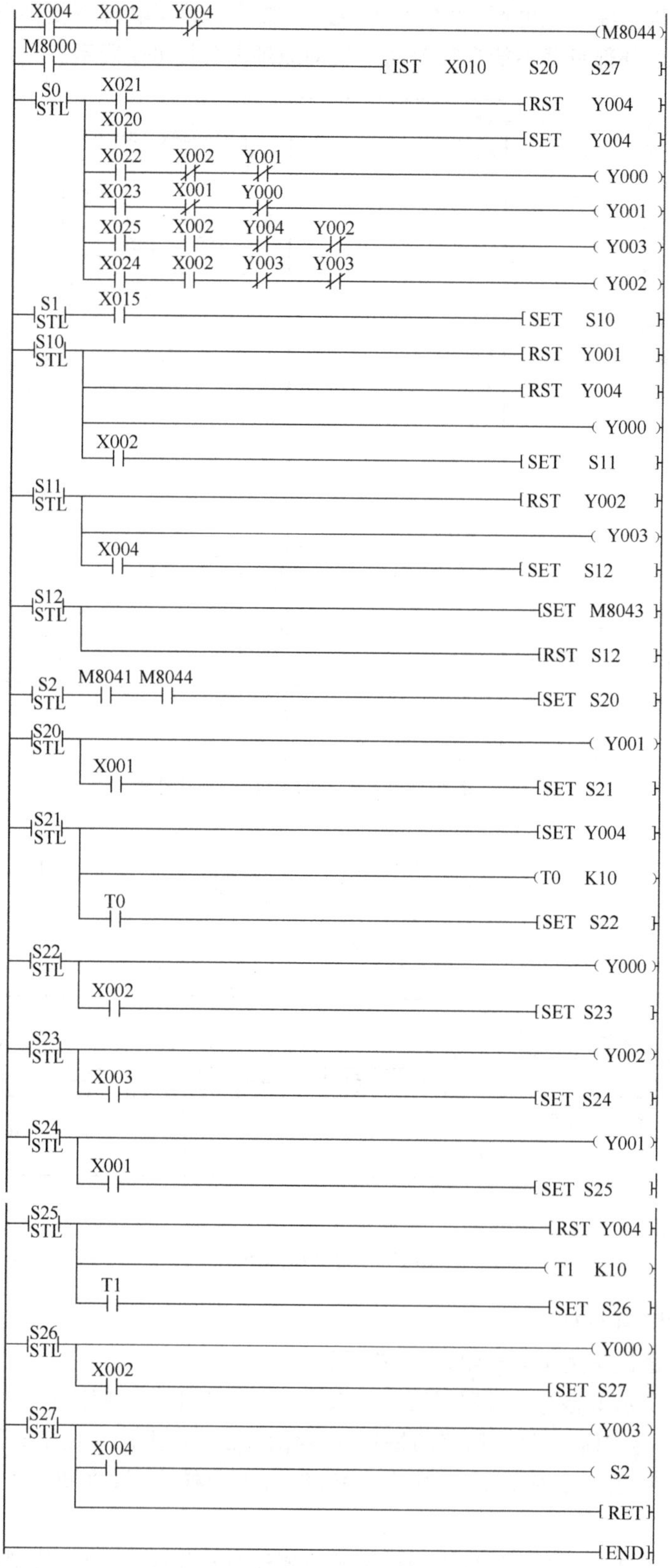

图 6-4　具有多种操作方式控制下的气动机械手参考梯形图

表 6-2 调试动作表

操作动作		内部继电器通断情况	对应输出动作
X14 得电自动连续运行	X16 得电（自动启动）		
	下限位开关 SQ1 按下		
	上限位开关 SQ2 按下		
	右限位开关 SQ3 按下		
	左限位开关 SQ4 按下		
	X17 得电（自动停止）		
X11 得电回原点	X15 回原点启动		
X10 得电手动操作模式下	X20 得电（手动夹紧）		
	X21 得电（手动松开）		
	X22 得电（手动上升）		
	X23 得电（手动下降）		
	X24 得电（手动右行）		
	X25 得电（手动左行）		
X12 得电单步运行			
X13 单周期运行			

知识链接　PLC 各类指令在多种操作方式下的应用

知识点 1　操作方式概述

在实际生产中，许多工业设备的控制系统较复杂，不仅 I/O 点数多，流程图也相当复杂，系统往往还要求设置多种操作方式，例如手动和自动操作方式，自动操作方式又可以分为连续、单周期、单步和回原点等操作方式。

手动操作方式是指系统的所有动作靠手动按钮控制；连续操作方式是指在系统处于原位时，按下自动启动按钮后，系统从初始步开始反复连续工作，按下停止按钮后，系统并不马上停止，而是完成最后一个周期工作后停留在初始步；单周期操作方式是指当系统处于原位时，按下自动启动按钮后，系统从初始步开始完成一个周期工作后停留在初始步；单步操作方式是指每按一次自动启动按钮，系统完成一个步；选择回原点操作方式后要求系统位于原位。

本任务的难点在于如何在同一段程序中实现多种操作方式的功能，我们常用两种方法来实现该功能，一是用基本指令来实现，另一种是用步进顺序控制指令和初始化指令结合来实现。

知识点 2　基本指令在多种操作方式下的应用

图 6-5 是用基本指令编程时程序的总体结构，对其功能作如下分析：

整个程序分为公共程序、自动程序、手动程序和回原点程序四个部分，其中自动程序里包括单步、单周期和连续运行，四个部分之间采用了条件跳转指令，该指令功能是当条件满足时，程序跳到指针 P 指定位置继续执行程序。例如选择"手动"操作方式，即 X10 接通，当 PLC 执行完公共程序后，CJ P0 条件满足，程序将跳过自动程序直接到 P0 处，由于 X10 常闭触点断开，所以执行手动程序，执行完后，由于 X11 常闭触点闭合，所以跳过回原点程序到 P63 处，程序结束（当跳转目标位置处于 END 处时，应使用指针 P63，但不能在 END 处标记否则会出错）；如果选择"回原点"操作方式，即 X11 接通，此时执行公共程序和回原点程序；如果选择"单步"或"单周期"或"连续"操作方式，则只执行公共程序和自动程序。

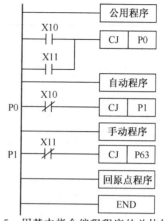

图 6-5 用基本指令编程程序的总体结构

1. 公共程序部分

公共程序如图 6-6 所示，当机械手处于原位时，左限位 X4 和上限位 X2 接通，电磁阀 Y4 失电（即手爪松开），辅助继电器 M0 接通，此时初始步 M10 置位，为系统进入自动操作方式（包括单步、单周期和连续）做好准备，如果机械手不在原位，则 M0 为 OFF 状态，M10 被复位，系统不能进入自动操作方式，符合任务要求。由于手动和自动的切换是由 CJ 指令实现的，被跳过的程序段中的输出继电器、辅助继电器等会保持跳转发生前的状态不变，因此当选择开关处于手动方式时，用 ZRST 指令对 M11～M18 之间的辅助继电器进行成批复位，以避免发生错误动作。

2. 手动程序部分

手动程序如图 6-7 所示，按下不同的手动按钮，系统执行相应的动作。另外在左行和右行时均加入了上限位的常开触点，这样是为了防止机械手在较低位置时碰撞到其他物体，确保安全。

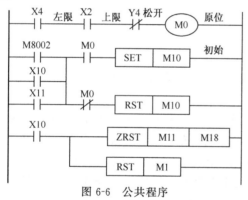

图 6-6 公共程序

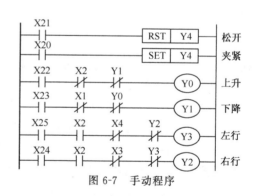

图 6-7 手动程序

3. 回原点程序

回原点程序如图 6-8 所示，当系统处于回原点操作方式时，按下回原位按钮，M3 置位，机械手松开同时开始上升，上升到位时，机械手左行，左行到位后停止，M3 复位。

4. 自动程序

自动程序如图 6-9 所示。

如果系统选择的是单步操作方式，即 X12 接通，M2 为 OFF 状态，当机械手处于原位时，由公共程序可知，M10 为 ON 状态。当按下自动启动按钮 X16 时，M2 变为 ON 状态，M11 为 ON 状态并且自保持，机械手下降，松开自动启动按钮 X16 后，M2 马上变为 OFF 状态，禁止往下转移，当机械手下降到位后，停止下降，此时 M11 和 X1 均为 ON 状态，当再次按下自动启动按钮

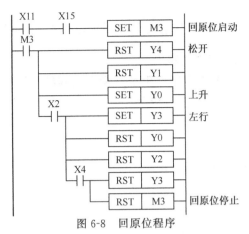

图 6-8 回原位程序

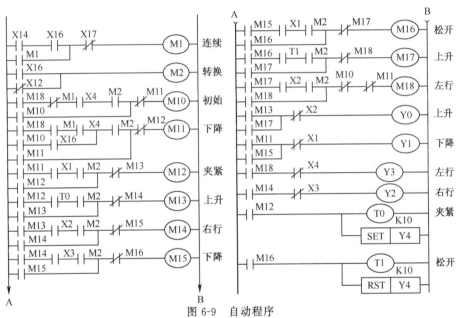

图 6-9 自动程序

X16 时,M2 再次为 ON 状态,M12 为 ON 状态且自保持,M11 为 OFF 状态,机械手夹紧,实现了单步控制,某一步完成后,必须按下启动按钮才会进入下一步。

如果系统选择的是单周期操作方式,即 X13 为 ON 状态,X12 为 OFF 状态,X14 为 OFF 状态,M2 始终为 ON 状态,允许转换,当机械手处于原位时,由公共程序可知,M10 为 ON 状态。当按下自动启动按钮 X16 时,M11 接通,Y0 也接通,机械手下降,当机械手下降到位时,M12 为 ON 状态,同时 M11 为 OFF 状态,机械手进入夹紧工序,这样,系统就会按工序一步步往下运行,当机械手运行到最后一步工序即机械手左移至原位后,因此时不是连续工作方式,所以 M1 为 OFF 状态,机械手结束一个周期的动作,再按一次启动按钮则开始下一个周期的运行。

如果系统选择的是连续操作方式,即 X14 为 ON 状态,M1 接通,X12 为 OFF 状态,M2 始终为 ON 状态,允许转换,当机械手处于原位时,由公共程序可知,M10 为 ON 状态,在机械手处于原位时,按下自动启动按钮,机械手反复运行上述一个周期的动作,按下自动停止按钮后,M1 变为 OFF 状态,机械手不会马上停止工作,而是完成当前周期的工作后,最终停在原位。

知识点 3 步进顺控指令与初始化指令在多种操作方式下的应用

1. 自动操作方式下机械手状态转移图

运用步进顺控指令编写机械手程序比用基本指令更容易,图 6-10 是自动操作方式下机械手的状态转移图,每一状态继电器对应机械手的一个工序,只要弄清工序之间的转换条件及转移方向就能很快画出状态转移图。

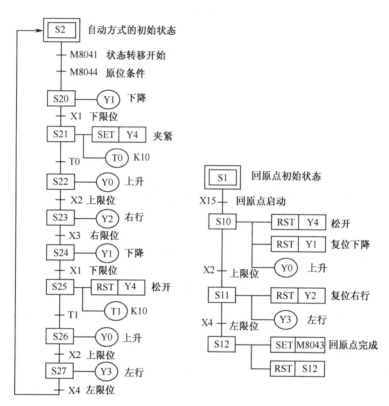

(a)自动程序的状态转移图　　(b)自动返回原点的状态转移图

图 6-10 自动操作方式下机械手的状态转移图

2. 状态初始化指令 IST

FX2N 系列 PLC 的状态初始化指令 IST 和 STL 指令一起使用,用于自动设置初始状态和设置有关的特殊辅助继电器的状态,可以大幅度简化设计工作。

IST 指令只能使用一次,应放在程序开始的位置,受它控制的 STL 电路放在它的后面。指令格式如下:

| IST | S | D1 | D2 |

指令中,[S]是源操作数,为运行模式的初始输入;[D1]是目标操作数 1,为自动模式中的最低状态继电器的元件号;[D2]是目标操作数 2,为自动模式的最高状态继电器的元件号。

3. 初始化程序

本任务初始化程序如图 6-11(a)所示,IST 指令的源操作数 X10 用来指定与操作方式有关的输入继电器的首元件,即指定从 X10 开始的 8 个输入继电器具有以下的意义:

| X10:手动 | X11:回原点 | X12:单步运行 | X13:单周期 |
| X14:连续 | X15:回原点启动 | X16:自动启动 | X17:自动停止 |

X10～X14 必须使用选择开关,保证这五个输入中只有一个处于接通状态。

IST 指令的执行条件变为 ON 时,下列继电器自动受控,即使以后其执行条件变为 OFF,这些元件的功能仍保持不变。

| M8040:禁止转换 | M8041:转换启动 | M8042:启动脉冲 |
| M8043:回原点完成 | M8044:原点条件 | M8047:STL 监控有效 |

S0:手动操作初始状态继电器(X10 为 ON 时,S0 为 ON)
S1:回原点初始状态继电器(X11 为 ON 时,S1 为 ON)
S2:自动操作初始状态继电器(X12、X13 和 X14 中任一个为 ON,S2 为 ON)

(a) 初始化程序

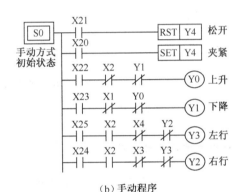

(b) 手动程序

图 6-11 初始化程序和手动程序

4. 手动程序

手动程序如图 6-11(b)所示,用 S0 控制,S0、S1、S2 均用 STL 点驱动,所以这三部分程序不会同时被驱动,只要按控制要求将这些程序段组合起来,就可以完成控制任务。

5. 自动返回原点程序和自动程序

请同学们根据图 6-10(a)机械手自动程序状态转移图画出梯形图。

项目学习评价小结

1. 学生自我评价(思考题)

①如果本任务中要把紧急停车按钮放在 PLC 输入部分,该程序应做哪些改动?请实现该控制要求。

②如果使用 IST 指令使用元件号不连续的输入继电器,可将程序做怎样的改动才能满足要求?

2. 项目评价报告表

专业：		班级：		学员姓名：			
项目完成时间：		年 月 日 —		年 月 日			
评价项目		评价标准	评价依据（信息、佐证）	评价方式 小组评价 0.4	评价方式 教师评价 0.6	权重	得分小计 / 总分
职业素质		1. 遵守课堂管理规定。 2. 按时完成学习任务。 3. 工作积极主动、勤学好问，积极参与讨论。 4. 具有较强的团队精神、合作意识	项目训练表现			20分	
专业能力	程序编写	1. 程序输入正确。 2. 符合编程规则。 3. 能实现预定控制	1. 书面作业和训练报告。 2. 项目任务完成情况记录			70分	
专业能力	外部接线	1. 接线过程中遵守安全操作制度，操作规范。 2. 外部接线正确，连接到位					
专业能力	调试与排故	1. 能对元件的动作进行监控，会修改元件参数。 2. 对遇到的故障能及时正确排除					
创新能力		能够推广、应用国内相关专业的新工艺、新技术、新材料、新设备	1."四新"技术的应用情况。 2. 思考题完成情况。 3. 梯形图有新意			10分	
指导教师综合评价		指导老师签名：		日期：			

3. 本项目训练小结

通过本项目的学习和训练，我们首先对几种操作方式有了较为深入的了解，初步体会了设计多种操作方式下 PLC 梯形图的编写方法。如何实现多种操作方式并将它们融合到一个程序中，是本项目的重点也是难点。手动程序比较简单，一般采用经验法设计，自动程序的设计一般采用顺序控制设计法，利用步进顺控指令和状态初始化指令实现自动程序的编写。希望同学们在以后的编程中认真体会初始化指令的作用，能够熟练掌握它的用法，对由 IST 指令自动控制的特殊辅助继电器的作用反复验证，设计出更加完善的梯形图。

项目七　常用功能指令的应用

项目情景展示

通过前面项目的学习,我们基本掌握了 PLC 基本指令的编程方法及其编程技巧。基本逻辑指令一般只能完成某个特定的操作。例如 SET 指令是将某个元件置位,OUT 指令是驱动某个元件等。三菱 FX 系列 PLC 还具有丰富的功能指令,这类指令一般都是用一条指令完成一系列较为复杂的操作。本项目中我们将采用项目引导的方式,将这其中适合中职学校的学生使用的一些指令列举出来,也希望能够举一反三、灵活应用。

项目学习目标

	学时目标	学习方式	学时分配
技能目标	1. 合理使用程序控制、移位、传送等常用功能指令。 2. 理解功能指令与基本指令相比的控制优势	讲授、实际操作	10
知识目标	1. 掌握程序控制移位、传送、比较指令的功能及使用方法。 2. 掌握 PLC 功能指令的结构、指令格式与通用规则	讲授	6

任务一　程序控制指令的应用

1. 任务描述

某生产用三相异步电动机通过 PLC 控制,控制示意图如图 7-1 所示。系统具有手/自动操作切换功能。SA 为手/自动选择开关,当 SA 接通(ON)为手动操作,当 SA 断开(OFF)为自动操作。

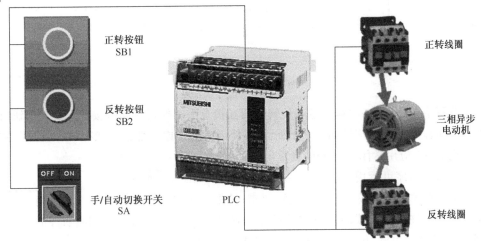

图 7-1　PLC 控制电动机正反转示意图

电动机自动运行时:按照正转10s停3s,反转10s停3s循环动作。电动机手动运行时:按下SB1电动机正转,按下SB2反转,若SB1和SB2同时处于按下或释放状态则电动机停止。

2. 搭建硬件电路

根据情景展示内容,可先完成PLC输入输出地址分配(表7-1)并搭建一个PLC控制电路。

表7-1 电机正反转手自动操作输入输出地址分配表

输 入 端 子			输 出 端 子		
X1	SA	手/自动切换开关	Y1	KM1	正转线圈
X2	SB1	正转按钮	Y2	KM2	反转线圈
X3	SB2	反转按钮			

3. 编程并调试

根据任务描述,要求设备为手/自动操作方式控制。利用前面讲到的MC指令也能够实现。这里主要考虑利用程序控制指令中的条件跳转指令CJ来实现。

①按照要求,可以先编写两段程序,分别为自动及手动操作下电动机的动作。图7-2、图7-3所示分别为手动、自动控制程序。

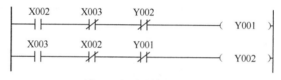

图7-2 手动控制程序

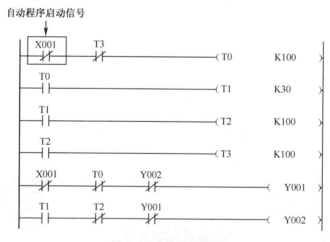

图7-3 自动控制程序

②在编写手/自动程序时应注意正反转线圈互锁及手动控制时同时按下正反转按钮时的保护动作。自动程序的启动信号如图7-3所示,在使用时应考虑外部连接状态(按照课题要求SA外接常开这里X1应用常闭,SA若外接常闭这里X1就应改成常开。)

③根据两段程序可运用CJ指令来将其组合起来,如图7-4所示。

同学可以根据上述步骤实现项目编程要求,这里就不再详细叙述了。需要注意的是,在选择性程序段间允许使用双线圈。当跳转目标位置处于END处时,应使用指针P63,但不能在END处标记否则会出错,即图7-4方框内指针P63必须移除。

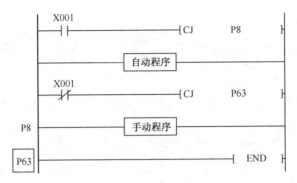

图 7-4 运用 CJ 指令实现手/自动操作

4. 工作过程(建议学生 2 人～3 人一组,合作完成)

①根据任务描述理解任务要求按照表 7-1 所示地址画出 I/O 接线图并完成硬件连接(两个按钮、一个开关为输入、两个正反转控制线圈为输出构成的 PLC 控制系统,条件允许时可完成三相交流异步电动机的正反转主电路的绘制与安装),确保电路的正确性和完整性。

②运用功能指令 CJ,按照图 7-2～图 7-4 所示,分步编写满项目要求的梯形图控制程序并组合在一起。

③合上 QS,将图 7-2～图 7-4 所示程序组合后传送至 PLC。

④进行系统调试并监控程序,查看程序执行的过程,记录动作情况并填写调试动作表 7-2。

表 7-2 调试动作表

操 作 动 作		PLC 输出继电器通断情况	输出器件的变化情况
SA 处于自动挡			
SA 处于手动挡	按下 SB1		
	按下 SB2		
	同时按下 SB1 、SB2		

5. 收获与体会

项目训练中,我们使用了 CJ 这条程序控制指令,不但降低了编程难度而且使程序变得更加清晰,增强了程序的可读性。程序控制指令还包含子程序调用与返回、中断操作、循环操作等指令,这些指令都具有较强的应用价值。读者可以根据实际情况自行设计控制动作来体会这类指令的使用方法与特点。

任务二 移位指令的应用

1. 任务描述

图 7-5 所示为某实训设备上 LED 背光显示电路。每一组汉字上装有一个发光二极管。我们将在本项目中运用一些功能指令来实现对其动作上的控制。通过训练,大家可以掌握功能指令的使用方法并体会它与基本指令的区别和在应用上的优势。

我们希望能将图 7-5 所示电路逐字显示"PLC－实－验－室－欢－迎－你"。PLC 通电运行后,打开启动开关 SA 逐次点亮各灯,每次只有一盏灯点亮,间隔时间为 1s。"你"字被点亮 1s 后,重新变为"PLC"字点亮,循环上述动作直到关闭 PLC,所有灯同时熄灭。

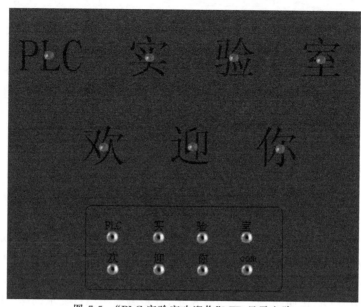

图 7-5 "PLC 实验室欢迎你"LED 显示电路

2. 搭建硬件电路

①根据上述控制要求可知,系统没有输入信号。PLC 通电运行后启动系统。设计出 PLC 输出分配地址如表 7-3 所列。

表 7-3 彩灯移位电路输入输出地址分配表

I/O点	输入/输出设备	I/O点	输入/输出设备
Y0	"PLC"	Y4	"欢"
Y1	"实"	Y5	"迎"
Y2	"验"	Y6	"你"
Y3	"室"	X0	启动开关 SA

②根据 I/O 地址分配表绘制出相应的 PLC 接线图并完成安装,最后检查电路的正确性。

3. 编程并调试

要实现控制要求的动作可以运用 ROL 或 ROR 指令完成。本次任务中用到 MOV 指令,主要是对输出元件进行赋值。另外,还用到了区间复位指令 ZRST,它可以实现同类元件的批量复位,指令用法可参考项目知识链接部分。

如果将图 7-6 中的 ROL 指令变为 ROR 则最终实现灯移动方向的变化。ROL 指令执行时,是将 K4Y0(从 Y0 开始连续的 16 个输出元件)中的数据向左移动一位,最后一次移出的数据保存在 M8022 中。ROR 与 ROL 功能一致但数据移动的方向相反。

另外可将 MOV 指令中 K1(0001)变为 K3(0011)那最终就可以实现两盏灯同时点亮并移位。这些,大家都可以在项目训练中去分别调试并体会。

4. 工作过程(建议学生 2 人~3 人一组,合作完成)

①根据任务描述理解任务要求,按照表 7-3 所列地址画出 I/O 接线图并完成硬件连接(七盏灯构成的 PLC 控制电路),确保电路的正确性和完整性。

②运用 ROL 等功能指令,按照图 7-6 所示编写满项目要求的梯形图控制程序并将程序传

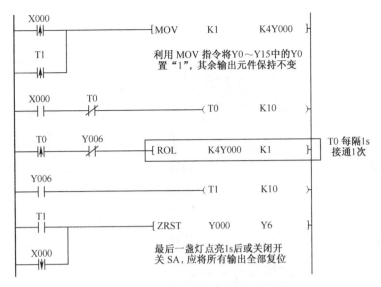

图 7-6 利用 ROL 实现的循环左移动作

送至 PLC。

③合上 QS，进行系统调试并监控程序，查看程序执行的过程。记录动作情况并填写调试动作表 7-4。

表 7-4 调试动作表

操 作 动 作	PLC输出继电器通断情况	输出器件的变化情况
开关SA闭合		

④将项目中的彩灯移动方向以及改变循环点亮彩灯的盏数，程序应如何修改。体会 MOV、ROL、ROR 等指令的功能与用法。将修改完成的程序也保存下来。

5. 收获与体会

在项目任务实施中，我们通过使用数据传送指令和循环移位指令实现了对七盏彩灯的移位控制。其实，也可以运用基本指令来实现。但基本指令不但编程复杂，容易出错，而且程序较长。在该项目中只用了 14 条指令就达到任务要求，不但简单而且十分灵活，读者可以通过项目练习去认真体会和理解。

任务三 数据比较指令的应用

1. 任务描述

利用一电磁阀、PLC、按钮和蜂鸣器设计一简单的密码锁控制系统。实物图连接如图 7-7 所示。

设计思路是：当 SB1 按下 6 次，SB2 按下 9 次后 5s 门开，门开后系统自动复位。如果按错，10s 内按下复位按钮 SB3 则可重新操作，否则报警。SB3 按下 3 次后则系统报警。

2. 搭建硬件电路

根据项目情景展示，设计出满足该系统的 PLC 输出分配地址如表 7-5 所列。合理设计 PLC 硬件电路并完成电路连接。

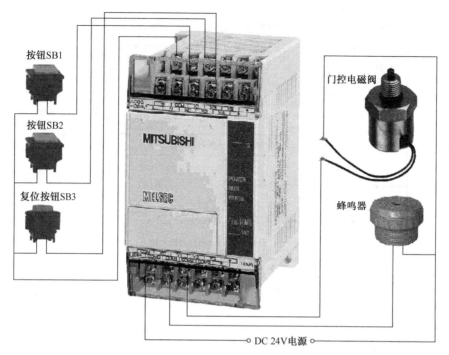

图 7-7 密码锁 PLC 控制实物连接图

表 7-5 密码锁输入输出地址分配表

I/O点	输入/输出设备	I/O点	输入/输出设备
X0	密码锁控制按钮 SB1	Y1	门开电磁阀
X1	密码锁控制按钮 SB2	Y2	蜂鸣器报警输出
X2	复位按钮 SB3		

3. 编程并调试(参考程序设计步骤)

该项目也可以通过基本指令来实现。问题是在要求不多的情况下,其中的逻辑关系较为复杂,也要考虑很多内部元件的复位。所以需要考虑使用数据比较指令来简化这些关系。FX2N系列 PLC 中定义了两条数据比较指令,一条用作单一比较,另一条作为区间比较使用。为完成本次任务,我们选择前者。

①利用单一比较指令 CMP 设计出密码锁两个输入信号的控制程序,将正确操作与错误操作比较出来,如图 7-8 所示。

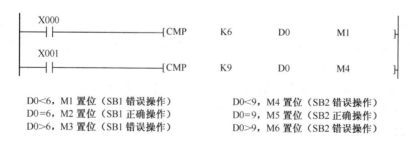

D0<6,M1 置位(SB1 错误操作)　　　D0<9,M4 置位(SB2 错误操作)
D0=6,M2 置位(SB1 正确操作)　　　D0=9,M5 置位(SB2 正确操作)
D0>6,M3 置位(SB1 错误操作)　　　D0>9,M6 置位(SB2 错误操作)

图 7-8 控制程度

需要注意的是:执行完比较指令后,除非新的比较结果覆盖或使用 RST、ZRST 等复位指令,否则即使 X0 或 X1 断开,M1~M3 和 M4~M6 的状态也不会发生变化。正是因为这个特点,在该任务编程中采用 CMP 指令就能很方便地将各自错误与正确的操作区分出来而且互不影响。也正是因为其具备结果自动覆盖的功能所以我们不再考虑复位指令,使得程序更加简单、明了。

②门开动作(图7-9)。

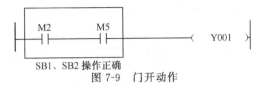

图7-9 门开动作

③报警动作(图7-10)。

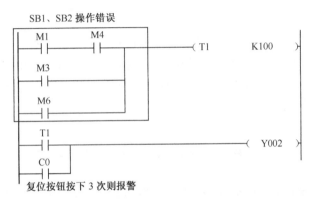

图7-10 报警动作

通过这段程序知道,SB1、SB2 按下次数同时按少或 SB1、SB2 按下次数分别按多都属于操作错误的情况。除了 SB1、SB2 操作错误外,若复位按钮 SB3 按下 3 次也要报警。

④复位操作控制(图7-11)。

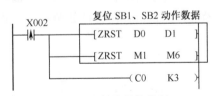

图7-11 复位操作控制

⑤考虑一些不能忽略的情况,完善整个程序,如图7-12所示。

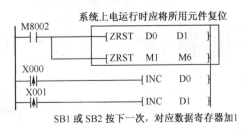

图7-12 其他可能情况

⑥将上述五段程序组合在一起,联机调试,确定最终的控制程序,完成系统程序设计。

4. 工作过程(建议学生2人~3人一组,合作完成)

①根据任务描述理解任务要求,按照表7-3所列地址画出I/O接线图并完成硬件连接(三个按钮为输入、一个门线圈和一个蜂鸣器为输出构成的PLC控制系统),确保电路的正确性和完整性。

②运用CMP等功能指令,按照图7-8~图7-12所示,分步编写满项目要求的梯形图控制程序并组合在一起,将组合后的程序传送至PLC。

③进行系统调试并监控程序,查看程序执行的过程。记录动作情况并填写调试动作表7-6。

表7-6 调试动作表

操 作 动 作	PLC输出继电器通断情况	输出器件的变化情况
SB1、SB2操作正确		
SB1、SB2操作错误		
复位按钮SB3按下		

5. 收获与体会

通过项目训练我们了解到,当一些逻辑关系比较复杂或是基本指令处理起来比较繁琐时,一定要动脑筋多想想PLC厂家提供的功能指令。例如在本项目任务中,我们又学习了比较两个数大小的指令CMP、加1指令INC和区间复位指令ZRST,运用这些指令不仅降低了编程难度,还增强了程序的可读性。

任务四 其他功能指令的应用

在前面三个任务中,主要讨论了跳转、移位、比较的基本应用,还涉及了数据传送、区间复位等指令。三菱FX2N系列PLC开发了180余条功能指令,此次任务将讨论其他一些常用的指令。

1. 任务描述

图7-13所示为一小区停车场车位控制示意图。假设停车场共有16个车位。在入口处装一个入口传感器,用于检测车辆进入的数目。在出口处装有一个出口传感器,用于检测车辆开出的数目。

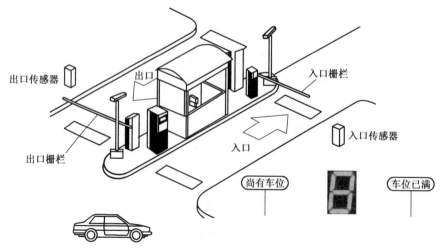

图7-13 停车场车位控制示意图

车辆经由入口传感器检测到后,若"尚有车位"指示灯点亮,则入口栅栏打开并允许车辆进入,车辆驶离入口传感器检测范围 3s 后栅栏关闭。若"车位已满"指示灯点亮时,入口栅栏不能开启,车辆不能进入停车场。车辆驶入出口处经由出口传感器检测后,出口栅栏开启,车辆离开停车场,车辆离开出口传感器检测范围 3s 后栅栏关闭。七段数码管上可以显示出当前停车场的车辆总数。

2. 搭建硬件电路

充分理解项目任务及要求,根据实际情况设计出 PLC 模拟调试电路,应注意 PLC 型号的选择,可参考知识链接中 FX 系列 PLC 功能指令一览表。该电路输入输出点数分配如表 7-7 所列。

表 7-7 停车场控制系统输入输出地址分配表

I/O 点	输入/输出设备	I/O 点	输入/输出设备
X1	入口检测传感器	Y1	入口栅栏开启动作
X2	出口检测传感器	Y2	出口栅栏开启动作
		Y3	"尚有车位"指示灯
		Y4	"车位已满"指示灯
		Y10~Y17	车辆数目显示数码管(七段)

3. 编程并调试

该系统可以运用区间比较指令 ZCP 来实现对车辆数目比较。进出的统计可以通过加 1 指令 INCP 和减 1 指令 DECP 来完成。在显示当前车辆数目时,可以应用带锁存的七段码显示指令 SEGL,这样就能够大大降低程序的难度。参考的程序设计如下。

① 与车辆有关的操作以及显示可以设计程序如图 7-14 所示。

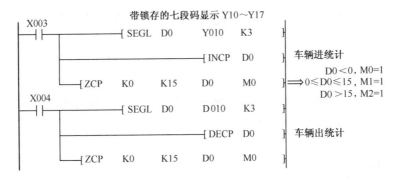

图 7-14 参考程序

② 指示灯动作(图 7-15)。

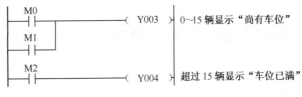

图 7-15 指示灯动作

③ 栅栏动作(图 7-16)。

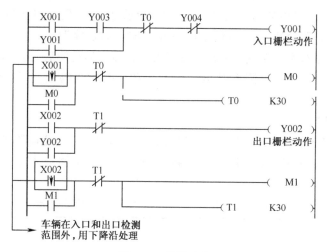

图 7-16 栅栏动作

④最后可以将上述 3 个程序段组合起来,就可以实现项目要求的停车场车位控制系统。

4. 工作过程(建议学生 2 人~3 人一组,合作完成)

①根据任务描述理解任务要求,按照表 7-7 所列地址画出 I/O 接线图并完成硬件连接(两个光电开关为输入,两个正反转控制线圈、两盏指示灯和一个七段数码管为输出构成的 PLC 控制系统),确保电路的正确性和完整性。

②运用 SEGL、INCP、DECP 等功能指令,按照图 7-14~图 7-16 所示,分步编写满足项目要求的梯形图控制程序并组合在一起,将组合后的程序传送至 PLC。

③进行系统调试并监控程序,查看程序执行的过程。记录动作情况并填写调试动作表 7-8。

表 7-8 调试动作表

操作动作或输入情况	PLC 输出继电器通断情况	输出器件的变化情况
入口传感器动作(X1 得电)		
出口传感器动作(X2 得电)		
X1 得电次数超过 X2 得电次数 16 次		

④项目任务完成后,可动脑思考身边看到的一些车库进出管理系统,并分析与项目任务中的系统有哪些区别,如果要实现那些要求,系统该作何改进。

5. 收获与体会

该项目任务很贴近生活,但是在没有了解任务或完成任务之前,总觉得任务很难,自己不可能去实现。可是一旦完成了,我们不但掌握了区间比较指令 ZCP、带锁存的七段码显示指令 SEGL 的使用方法,而且通过项目训练,还提高了分析问题、解决问题的能力。逐步能够处理及完成一些源于生活和生产的控制案例。

知识链接 FX 系列功能指令介绍

知识点 1 功能指令通则

1. 功能指令的结构

功能指令实际上是为了方便用户使用而设置的功能各异的子程序调用指令,其表示格式与基本指令有所不同。功能指令用编号 FNC00～FNC246 表示,并给出对应的助记符(一般用英文与缩写字母表示)。例如,FNC00 的助记符是 CJ(跳转),使用便携式编程器,则输入 FNC00,若使用智能编程器或在计算机上编程,则可以说如 CJ。

如图 7-17 所示功能指令一般由指令名称和操作数两部分组成。

图 7-17　功能指令的基本结构

(1)指令名称

指令名称用以表示指令实现的功能,通常用指令的英文缩写形式作助记符。例如,传送指令 MOV 实际是 MOVE 的缩写。每条指令都对应一个编号,用 FNC×× 表示,指令不同,编号也不同。例如。MOV 的编号是 FNC12。FX2N 系列可编程控制器的功能指令编号范围是 FNC00—FNC246。

(2)操作数

操作数是指令执行时使用的或产生的数据,分为源操作数(S)、辅助操作数(M)、目的操作数(D)、辅助操作数(N)。操作数可能存储在存储单元(例如寄存器 D)中,可能以变址的方式存储,也可能以数值的形式直接出现在指令中(常用 H 或 K 指定)。在一条指令中,原操作数、目的操作数、辅助操作数既可能有多个,也可能没有。

①原操作数是指令执行时使用的数据。指令执行后,只要不被覆盖,原操作数就保持不变。用 S 表示,当有多个原操作数时,则分别用 S1、S2 表示。

②目的操作数是指令执行时产生的数据,通常用 D 表示。

③辅助操作数是对原操作数或目的操作数作某种说明或限定的数,分别用 M、N 表示。

如图 7-18 所示,当 X001 接通时,执行 ADD 指令,将 D1 中的内容与 D0 中的内容相加,相加结果放到 D10 中;其中 ADD 是指令名称,D0、D1 是源操作数,D5 是目的操作数。当 X002 接通时,对 D0 开始的连续 5 个数据寄存器(即 D0－D4)中的数据取平均值,其结果放到 D10 中;其中 MEAN 是指令名称,D0 是源操作数,D10 是变址方式的目的操作数,K5 是辅助操作数,用来说明是从 D0 开始的 5 个寄存器中的数据。

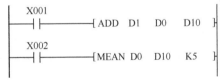

图 7-18　功能指令格式

2. 操作数的元件形式

功能指令的操作数可以是字元件、位元件和位元件的组合形式。

①位元件:只能为 1 或者为 0 的元件称为位元件,如 X、S、M、Y 等。

②字元件:处理数据的元件称为字元件,如 T、C、D、V、Z 等;字元件可以存放 16 位数据。

③位元件的组合:几个位元件组合在一起,可以构成元件的组合。将连续的 4 个位元件作为一组,以地址编号最小的作为首元件,可以构成位元件的组合,例如,将 X003、X002、X001、X000 组合起来,以 X003 为高位,X000 为最低位,用 K1 表示这样的一组,可以构成一组位元件

的组合,表示为:K1X000。X000 开始的连续三组位元件,即最高位为 X013,最低位为 X000 的连续 12 个位元件构成的组合,则表示为 K3X000。同理,Kn 表示 n 组;首元件的地址编号可以任意取,但通常采用以 0 结尾的地址编号。

表示 16 位数据时可以取 K1~K4,其中最高位为符号位;表示 32 位数据时可以取 K1~K8,最高位也是符号位。当一个 16 位数据传送到 KnY000,若 $n\leqslant 3$,则只传送相应的低位数据,较高位数据不传送。32 位数据的传送也一样。若将 4 位的数据传送到 8 位的组合中,则将数据传送到低 4 位中,高位用 0 补齐。

3. 指令执行形式

功能指令在执行时有连续执行型和脉冲执行型两种执行形式。主要是通过字母 P 加以区别。

如图 7-19 所示,第一行指令为连续执行型。当 X1 接通时,ADD 指令在 PLC 每个扫描周期都被执行一次。需要注意的是 INC、XCH、DEC 等指令应谨慎使用连续执行形式。第二行指令为脉冲执行型。当 X2 由 OFF 到 ON 瞬间执行一个扫描周期。在不需要连续执行时,使用脉冲执行形式可以节省扫描周期。

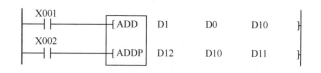

图 7-19 功能指令的执行形式

知识点 2 常用功能指令介绍与应用

1. 条件跳转指令 CJ

表 7-9 所列为 CJ、CJ(P)指令介绍,图 7-20 所示为 CJ 指令的用法。

表 7-9 CJ、CJ(P)指令介绍

指令名称	指令代码	梯形图形式	操作数	功能
CJ CJ(P)	FNC00 (16)	X001 ─┤├── [CJ P1]	P0—P127	条件跳转

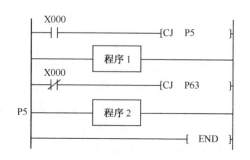

图 7-20 CJ 指令的用法

CJ、CJ(P)指令为条件跳转指令,其目标操作元件为指针 P0~P127。CJ 指令执行时,某段程序被跳过,不被执行。使用 CJ 指令时,在选择性程序段间允许使用双线圈。当跳转目的地为 END 时,使用指针 P63,且 END 不标记 P63,否则出错。CJ 指令用法如图 7-20 所示。X000 为 NO 时,执行"CJ P5",跳过程序 1,转到指针 P5 所指的程序 2;当 X000 为 OFF 时,则执行完程序 1 后,执行"CJ P5",跳转到 P63(即 END),本周期扫描结束。

2. 子程序调用指令 CALL、子程序返回指令 SRET、主程序结束指令 FEND(表 7-10)

表 7-10　CLAA、SRET、FEND 三条指令介绍

指令名称	指令代码	梯形图形式	操作数	功能
CALL	FNC01	─┤X000├──────[CALL　P1]	P0—P62 P64—P127	子程序调用
SRET	FNC02	────────────[SRET]	无	子程序返回
FEND	FNC06	────────────[FEND]	无	子程序结束

CALL 指令用于调用一段子程序,其目标操作元件为:P0~P62、P64~P127。

SRET 指令用来指示子程序结束,并返回到主程序中子程序调用的位置,继续执行后面的程序,该指令无操作元件。

FEND 指令用来指示主程序结束,FRND 指令之后可以写各调用子程序,每段子程序需从相应指针 Pn 处开始,用 SRET 标志结束。

CALL、SRET、FEND 三条指令的用法如图 7-21 所示。PLC 从上往下逐行扫描程序,当扫描到"CALL P1"时,若 X1 为 ON,则转到指针 P1 处,先扫描子程序,扫描到 SRET 时就返回"CALL P1"处继续往下扫描。扫描到 FEND 指令时,主程序扫描结束,返回到主程序第一行,开始下一轮扫描。

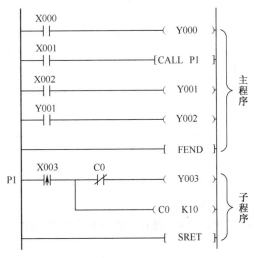

图 7-21　CALL、SRET、FEND 指令的用法

子程序可以嵌套,嵌套次数最多可以有 5 次。每段子程序所用的指针 P 必须是专用指针,不能再供其他子程序或跳转程序使用。

3. 中断返回指令 IRET、开始中断指令 EI、关中断指令 DI

中断是计算机特有的一种工作方式,特指在主程序的执行过程中,有更为紧急的任务时向

CPU发出请求,CPU停止现行主程序的执行,转而去执行中断子程序的过程称为中断。中断子程序响应时间要求小于PLC的扫描周期,因此,中断子程序都不能由程序内安排的条件引出。能引起中断的信号称中断源FX2N系列PLC中提供了两种类型的中断,即外部信号中断和定时器中断。不同类型的中断规定了不同的中断指针的编号方法。

FX2N系列PLC输入中断指针共6点,即I00□~I150□,用于指示由特定输入端的输入信号而触发的中断服务程序的入口地址,这类中断不受PLC扫描周期的影响,可以及时处理外部输入设备的信息,格式如图7-22所示。

FX2N系列PLC定时器中断用指针共3点,即I6□□~I8□□,用于指示周期定时中断的中断服务程序的入口地址,这类中断的作用是PLC以指定的周期定时执行中断服务程序,定时处理某些任务,不受PLC扫描周期的限制。指针中的□□表示定时范围,可以在10ms~99ms中设定,格式如图7-23所示。

FX2N系列PLC计数器中断用指针共6点,即I010~I060,它们用在PLC内置的高速计数器中。根据高速计数器的计数当前值的关系确定是否执行中断服务程序。IRET、EI、DI三条指令详细说明见表7-11。

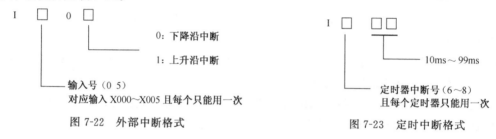

图7-22 外部中断格式　　　　　图7-23 定时中断格式

表7-11　IRET、EI、DI指令介绍

指令名称	指令代码	梯形图形式	操作数	功能
IRET	FNC03	─┤ IRET ├─	无	中断返回
EI	FNC04	─┤ EI ├─	无	开始中断
DI	FNC05	─┤ DI ├─	无	关中断

EI、DI两条指令均无目标操作元件。EI、DI指令配合使用,用来界定允许中断程序范围,如果不关中断,可以不设DI指令。IRET为中断返回指令,无目标操作元件,用来表示中断子程序返回,通常状态下PLC处于关闭中断状态。

需要注意的是:当中断返回主程序时,操作顺序可能与机器操作顺序不协调,因此使用任何形式的中断时,都应特别小心。

4. 循环开始指令FOR、循环结束指令NEXT(表7-12)

FOR是循环开始,用来表示程序段开始,循环次数用操作数表示,其对应可选用K、H、T、C、D、V、Z、KnX、KnY、KnM。NEXT是循环结束指令,用来表示程序段的结束,无操作元件。

FOR和NEXT指令总是成对使用,使用该指令时,FOR—NEXT程序在一个扫描周期内被重复扫描n次,n的值由FOR的操作数决定。

在使用循环嵌套时,嵌套次数最多不能超过 5 次,循环程序段中不能出现 END、FEND 指令,使用 CJ 指令可以跳出循环体。

表 7-12 FOR、NEXT 指令介绍

指令名称	指令代码	梯形图形式	操作数	功能
FOR	FNC08	─┤ FOR K5 ├─	K、H、T、C、D、V、Z、KnX、KnY、KnM	循环开始
NEXT	FNC09	─┤ NEXT ├─	无	循环结束

5. 传送指令 MOV

传送指令 MOV 是将源操作数内的数据传送到指定的目标操作数中去,即(S)到(D)。其说明见表 7-13。

表 7-13 MOV 指令介绍

指令名称	指令代码	梯形图形式	操作数		功能
			(S.)	(D.)	
MOV	FNC12	X000 ─┤├─┤ MOV (S.) (D.) ├─	K、H、T、C、D、V、Z、KnX、KnY、KnM、KnS	T、C、D、V、Z、KnY、KnM、KnS	数据传送

传送 32 位数据时使用 DMOV 指令,传送时指定操作数的低位,如图 7-24 所示,当 X000 为 NO 时,将 D2、D3 的内容传送到 D7、D8 中则表示为"DMOV D2 D7",其中 D2、D7 分别为操作数的低位与目的操作数的低位。

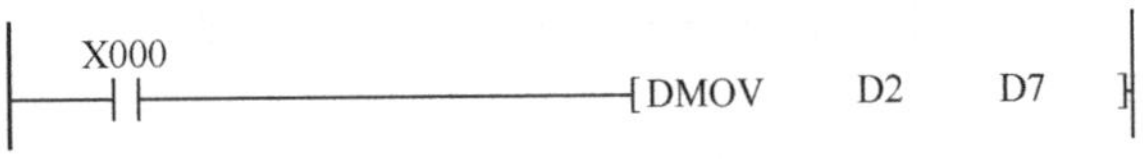

```
   X000
───┤├──────────────┤DMOV  D2   D7├─
```

图 7-24 DMOV 的用法

6. 取反指令 CML

取反传送指令 CML 执行时,将源操作数 S.中的二进制数逐位取反后传送到目的操作数 D.中;若 S.为常数,则先自动转换为二进制数,然后再执行取反传送。其指令说明见表 7-14。

表 7-14 CML 指令介绍

指令名称	指令代码	梯形图形式	操作数		功能
			(S.)	(D.)	
CML	FNC14	X000 ─┤├─┤ CML (S.) (D.) ├─	K、H、T、C、D、V、Z、KnX、KnY、KnM、KnS	T、C、D、V、Z、KnY、KnM、KnS	源数取反后再转送

CML 指令的用法如图 7-25 所示。当 X000 为 ON 时执行取反传送指令,将 D0 中的数据按位取反后,传送到 D1 中。

7. 数据交换指令 XCH

XCH 指令执行时两个目标元件之间的类容进行交换,当 M8160 为 ON,且两操作数指定同

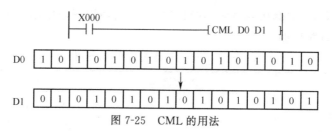

图 7-25 CML 的用法

一软元件时,将该元件内容(数据)低 8 位和高 8 位进行交换,当采用连续执行,每个扫描周期都进行数据交换,推荐使用 XCH(P)指令。XCH 指令介绍见表 7-15。

表 7-15　XCH 指令介绍

指令名称	指令代码	梯形图形式	操作数		功能
			(D1.)	(D2.)	
XCH XCH(P)	FNC17	─┤X000├─[XCH (D1.) (D2.)]	T、C、D、V、Z、 KnY、KnM、KnS		交换指定单元内容

8. 交替输出指令 ALT(表7-16)

表 7-16　ALT 指令介绍

指令名称	指令代码	梯形图形式	操作数	功能
			D	
ALT ALT(P)	FNC66	─┤X000├─[ALT Y000]	Y、M、S	交替输出

如图 7-26 所示,当 X000 为 ON 时,Y000 的状态改变一次,若不用脉冲执行方式,每个周期 Y000 的状态都要改变一次,ALT 指令具有分频器的效果,使用 ALT 指令,用一只按钮 X000 就可以控制 Y000 对应的外部负载的启动和停止。

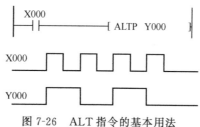

图 7-26　ALT 指令的基本用法

9. 比较指令 CMP

CMP 指令是将源操作数(S2.)中的内容与(S1.)中的内容比较,结果放入目的操作数(D.)中。在程序中,(D.)只写出 Y、M、S 的首元件号,而表示的是首元件开始的连续 3 个软元件。CMP 的指令介绍见表 7-17,其使用用法如图 7-27 所示。

表 7-17　CMP 指令介绍

指令名称	指令代码	梯形图形式	操作数			功能
			S1.	S2.	D.	
CMP	FNC10	─┤X000├─[CMP (S1.) (S2.) (D.)]	K、H、T、C、 D、V、Z、KnX、 KnY、KnM、KnS		Y、M、S 三个连续 元件	两数比较

使用时还应该注意:执行完 CMP 指令后,除非新的结果覆盖或者使用了复位指令,否则即使导通信号断开,对应目的操作数三个连续元件的状态不会发生任何变化。

```
     X001
   ───┤├──────────┤ CMP    K5      D0      M1 ├─
              M1
              ├┤────────────────────────────( Y001 )
              M2
              ├┤────────────────────────────( Y002 )
              M3
              ├┤────────────────────────────( Y003 )
```

将 D0 中的数与 K5（十进制 5）比较：
如果（D0）<K5，则 M1 被置位；
如果（D0）=K5，则 M2 被置位；
如果（D0）>K5，则 M3 被置位。

图 7-27　CMP 指令的使用方法

10. 区间比较指令 ZCP

ZCP 指令执行时，将目标操作数(S.)中的内容与(S1.)、(S2.)中数据区间进行比较，结果放入目的操作数(D.)中指定元件开始的连续 3 个软元件中存放。其使用方法和 CMP 指令基本一致。CMP 指令介绍见表 7-18，其基本用法如图 7-28 所示。

表 7-18　ZCP 指令介绍

指令名称	指令代码	梯形图形式	操作 数				功　能
			S1.	S2.	S.	D.	
ZCP	FNC11	─┤├─[ZCP (S1.) (S2.) (S.) (D.)]─ X000	K、H、T、C、D、V、Z、KnX、KnY、KnM、KnS			Y、M、S 三个连续元件	一数与两数比较

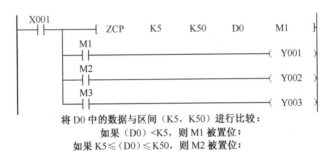

将 D0 中的数据与区间（K5，K50）进行比较：
如果（D0）<K5，则 M1 被置位；
如果 K5≤（D0）≤K50，则 M2 被置位；
如果（D0）>K5，则 M3 被置位。

图 7-28　ZCP 指令的基本用法

11. 加法指令 ADD 与减法指令 SUB

ADD 指令（表 7-19）执行时将(S1.)与(S2.)中的内容相加，结果放到目的操作数(D.)中。

SUB 指令（表 7-20）执行时将(S1.)与(S2.)中的内容相减，结果放到目的操作数(D.)中。

表 7-19　ADD 指令介绍

指令名称	指令代码	梯形图形式	操作 数			功　能
			S1.	S2.	D.	
ADD	FNC20	─┤├─[ADD (S1.) (S2.) (D.)]─ X000	K、H、T、C、D、V、Z、KnX、KnY、KnM、KnS		T、C、D、V、Z、KnY、KnM、KnS	二进制加法

表 7-20　SUB 指令介绍

指令名称	指令代码	梯形图形式	操作 数			功　能
			S1.	S2.	D.	
SUB	FNC21	─┤├─[SUB (S1.) (S2.) (D.)]─ X000	K、H、T、C、D、V、Z、KnX、KnY、KnM、KnS		T、C、D、V、Z、KnY、KnM、KnS	二进制减法

如图 7-29 所示,加减运算均采用二进制代数运算,每个数据的最高位作为符号位(0 正 1 负)。使用这两条指令时,如果目的操作数与源操作数指定元件相同时,一般推荐使用脉冲执行型。

图 7-29 ADD 和 SUB 指令的用法比较

12. 加 1 指令 INC 与减 1 指令 DEC

INC 与 DEC 指令介绍见表 7-21、表 7-22,其用法如图 7-30 所示。当 X1 和 X2 由 OFF 到 ON 瞬间,对应 D0 内部数据加 1,D1 内部数据减 1。

表 7-21 INC 指令介绍

指令名称	指令代码	梯形图形式	操作数			功能
			S1.	S2.	D.	
INC	FNC24	─┤X000├──[INC (D.)]─	K、H、T、C、D、V、Z、KnX、KnY、KnM、KnS		T、C、D、V、Z、KnY、KnM、KnS	将当前二进制数加 1

表 7-22 DEC 指令介绍

指令名称	指令代码	梯形图形式	操作数			功能
			S1.	S2.	D.	
DEC	FNC25	─┤X000├──[DEC (D.)]─	K、H、T、C、D、V、Z、KnX、KnY、KnM、KnS		T、C、D、V、Z、KnY、KnM、KnS	将当前二进制数加 1

```
 X000
──┤ ├────────────[INCP  D0]─
 X001
──┤ ├────────────[DECP  D1]─
```

图 7-30 INC 指令和 DEC 指令的用法

使用时应当注意:当使用连续执行型时,由于每个扫描周期指令都会进行加 1 或减 1 运算,所以要使用脉冲执行型。

13. 循环右移指令 ROR、循环左移指令 ROL

当使用 ROR、ROL 指令(表 7-23、表 7-24)并使用位组合元件时,只有 K4(16 位指令)和 K8(32 位指令)有效。采用连续执行型时,每个扫描周期都执行循环移动。

表 7-23 ROR 指令介绍

指令名称	指令代码	梯形图形式	操作数		功能
			D.	n	
ROR	FNC30	─┤X000├──[ROL (D.) n]─	T、C、D、V、Z、KnY、KnM、KnS	K、H 16 位操作 $n \leq 16$,32 位操作 $n \leq 32$	循环右移 n 位

表 7-24 ROL 指令介绍

指令名称	指令代码	梯形图形式	操作数		功能
			D.	n	
ROL	FNC31	─┤X000├──┤ ROL (D.) n ├─	T、C、D、V、Z、KnY、KnM、KnS	K、H 16位操作 n≤16，32位操作 n≤32	循环左移 n 位

14. 区间复位指令 ZRST

ZRST 指令（表 7-25）是将（D1.）到（D2.）区间内的所有同类元件复位。使用时应注意，（D1.）和（D2.）必须为同类元件并且要求（D1.）的地址编号要小于（D2.）的地址编号。

表 7-25 ZRST 指令介绍

指令名称	指令代码	梯形图形式	操作数		功能
			D1.	D2.	
ZRST	FNC40	─┤X000├──┤ ZRST (D1.) (D2.) ├─	Y、M、S、T、C、D		区间复位

如图 7-31 所示，X1 闭合 ZRST 指令执行后，Y0—Y7 连续 8 个输出元件和 M0—M99 连续 100 个内部辅助元件全部被复位。

图 7-31 ZRST 的使用方法

15. 七段译码指令 SEGD

SEGD 指令（表 7-26）执行时将（S.）指定元件的低 4 位所确定的十六进制数译成驱动七段码显示的数据，并将数据存入（D.）中，（D.）的高 8 位不变。

SEGD 指令对应的七段译码表如表 7-27 所列。

表 7-26 SEGD 指令介绍

指令名称	指令代码	梯形图形式	操作数		功能
			S.	D.	
SEGD	FNC73	─┤X000├──┤ SEGD (S.) (D.) ├─	KnX、KnY、KnM、KnS、T、C、D、V、Z、K、H	KnY、KnM、KnS、T、C、D、V、Z	七段译码

如图 7-32 所示，当 X0 导通，SEGD 指令可将 D1 中 16 进制数据的低 4 位，编译成对应的七段数码显示值，并传送到 Y0~Y7 这 8 个输出，从而通过外部显示出来。

图 7-32 SEGD 指令的用法

表 7-27 SEGD指令的七段译码表

(S.) 十六进制	(S.) 二进制	七段码构成	(D.) B7	B6	B5	B4	B3	B2	B1	B0	显示数据
0	0000		0	0	1	1	1	1	1	1	0
1	0001		0	0	0	0	0	1	1	0	1
2	0010		0	1	0	1	1	0	1	1	2
3	0011		0	1	0	0	1	1	1	1	3
4	0100		0	1	1	0	0	1	1	0	4
5	0101		0	1	1	0	1	1	0	1	5
6	0110		0	1	1	1	1	1	0	1	6
7	0111		0	0	1	0	0	1	1	1	7
8	1000		0	1	1	1	1	1	1	1	8
9	1001		0	1	1	0	1	1	1	1	9
A	1010		0	1	1	1	0	1	1	1	A
B	1011		0	1	1	1	1	1	0	0	b
C	11100		0	0	1	1	0	0	0	1	C
D	1101		0	0	0	1	1	1	1	0	d
E	1110		0	0	1	1	1	0	0	1	E
F	1111		0	0	1	1	0	0	0	1	F

16. 带锁存的七段码显示指令 SEGL

SEGL 指令（表 7-28）为带锁存的七段码显示指令。如图 7-33 所示，一旦指令接通则反复执行，当导通信号断开，则指令停止。

表 7-28 SEGL 指令介绍

指令名称	指令代码	梯形图形式	操作数 S.	D.	n	功能
SEGL	FNC74	─┤X000├──[SEGL (S.) (D.) n]	KnX、KnY、KnM、KnS、T、C、D、V、Z、K、H	Y	K、H $n=0\sim7$	带锁存的七段码显示

```
    ┤├──────[SEGL   D1    Y000    K0 ]──
    X000
```

图 7-33 SEGL 指令的使用

使用时应当注意:若为 1 组 4 位数显示,n 应取 0~3,若为 2 组 4 位数显示,n 应取 4~7,程序中 SEGL 指令只能用一次。

知识点 3　补充说明

三菱 FX 系列 PLC 开发了 180 余条功能指令,不但方便了用户编程,而且使 PLC 应用范围得到了扩展,提高了其应用价值。但是这些指令并不是所有型号的 PLC 都可用。为了方便查阅和使用不同型号 PLC 对应的功能指令,现将 FX 系列常见型号所使用的功能指令列举出来,如表 7-29 所列。

表 7-29　FX 系列 PLC 功能指令一览表

分类	FNC No.	指令助记符	功能说明	对应不同型号的 PLC				
				FX0S	FX0N	FX1S	FX1N	FX2N FX2NC
程序流程	00	CJ	条件跳转	√	√	√	√	√
	01	CALL	子程序调用	×	×	√	√	√
	02	SRET	子程序返回	×	×	√	√	√
	03	IRET	中断返回	√	√	√	√	√
	04	EI	开中断	√	√	√	√	√
	05	DI	关中断	√	√	√	√	√
	06	FEND	主程序结束	√	√	√	√	√
	07	WDT	监视定时器刷新	√	√	√	√	√
	08	FOR	循环的起点与次数	√	√	√	√	√
	09	NEXT	循环的终点	√	√	√	√	√
传送与比较	10	CMP	比较	√	√	√	√	√
	11	ZCP	区间比较	√	√	√	√	√
	12	MOV	传送	√	√	√	√	√
	13	SMOV	位传送	×	×	×	×	√
	14	CML	取反传送	×	×	×	×	√
	15	BMOV	成批传送	×	√	√	√	√
	16	FMOV	多点传送	×	×	×	×	√
	17	XCH	交换	×	×	×	×	√
	18	BCD	二进制转换成 BCD 码	√	√	√	√	√
	19	BIN	BCD 码转换成二进制	√	√	√	√	√

(续)

分类	FNC No.	指令助记符	功能说明	对应不同型号的PLC					
				FX0S	FX0N	FX1S	FX1N	FX2N	FX2NC
算术与逻辑运算	20	ADD	二进制加法运算	√	√	√	√	√	
	21	SUB	二进制减法运算	√	√	√	√	√	
	22	MUL	二进制乘法运算	√	√	√	√	√	
	23	DIV	二进制除法运算	√	√	√	√	√	
	24	INC	二进制加1运算	√	√	√	√	√	
	25	DEC	二进制减1运算	√	√	√	√	√	
	26	WAND	字逻辑与	√	√	√	√	√	
	27	WOR	字逻辑或	√	√	√	√	√	
	28	WXOR	字逻辑异或	√	√	√	√	√	
	29	NEG	求二进制补码	×	×	×	×	√	
循环与移位	30	ROR	循环右移	×	×	√	√	√	
	31	ROL	循环左移	×	×	√	√	√	
	32	RCR	带进位右移	×	×	×	×	√	
	33	RCL	带进位左移	×	×	×	×	√	
	34	SFTR	位右移	√	√	√	√	√	
	35	SFTL	位左移	√	√	√	√	√	
	36	WSFR	字右移	×	×	√	√	√	
	37	WSFL	字左移	×	×	√	√	√	
	38	SFWR	FIFO(先入先出)写入	×	×	√	√	√	
	39	SFRD	FIFO(先入先出)读出	×	×	√	√	√	
数据处理	40	ZRST	区间复位	√	√	√	√	√	
	41	DECO	解码	√	√	√	√	√	
	42	ENCO	编码	√	√	√	√	√	
	43	SUM	统计ON位数	×	×	×	×	√	
	44	BON	查询位某状态	×	×	×	×	√	
	45	MEAN	求平均值	×	×	×	×	√	
	46	ANS	报警器置位	×	×	×	×	√	
	47	ANR	报警器复位	×	×	×	×	√	
	48	SQR	求平方根	×	×	×	×	√	
	49	FLT	整数与浮点数转换	×	×	×	×	√	
高速处理	50	REF	输入输出刷新	√	√	√	√	√	
	51	REFF	输入滤波时间调整	×	×	×	×	√	
	52	MTR	矩阵输入	×	×	×	×	√	
	53	HSCS	比较置位(高速计数用)	×	√	√	√	√	
	54	HSCR	比较复位(高速计数用)	×	√	√	√	√	
	55	HSZ	区间比较(高速计数用)	×	×	×	×	√	
	56	SPD	脉冲密度	×	×	√	√	√	
	57	PLSY	指定频率脉冲输出	√	√	√	√	√	
	58	PWM	脉宽调制输出	√	√	√	√	√	
	59	PLSR	带加减速脉冲输出	×	×	√	√	√	

(续)

分类	FNC No.	指令助记符	功能说明	对应不同型号的PLC					
				FX0S	FX0N	FX1S	FX1N	FX2N	FX2NC
方便指令	60	IST	状态初始化	√	√	√	√	√	
	61	SER	数据查找	×	×	×	×	√	
	62	ABSD	凸轮控制(绝对式)	×	×	√	√	√	
	63	INCD	凸轮控制(增量式)	×	×	√	√	√	
	64	TTMR	示教定时器	×	×	×	×	√	
	65	STMR	特殊定时器	×	×	×	×	√	
	66	ALT	交替输出	√	√	√	√	√	
	67	RAMP	斜波信号	√	√	√	√	√	
	68	ROTC	旋转工作台控制	×	×	×	×	√	
	69	SORT	列表数据排序	×	×	×	×	√	
外部I/O设备	70	TKY	10 键输入	×	×	×	×	√	
	71	HKY	16 键输入	×	×	×	×	√	
	72	DSW	BCD 数字开关输入	×	×	√	√	√	
	73	SEGD	七段码译码	×	×	×	×	√	
	74	SEGL	七段码分时显示	×	×	√	√	√	
	75	ARWS	方向开关	×	×	×	×	√	
	76	ASC	ASCI 码转换	×	×	×	×	√	
	77	PR	ASCI 码打印输出	×	×	×	×	√	
	78	FROM	BFM 读出	×	√	×	√	√	
	79	TO	BFM 写入	×	√	×	√	√	
外围设备	80	RS	串行数据传送	×	√	√	√	√	
	81	PRUN	八进制位传送(♯)	×	×	√	√	√	
	82	ASCI	十六进制数转换成 ASCI 码	×	√	√	√	√	
	83	HEX	ASCI 码转换成十六进制数	×	√	√	√	√	
	84	CCD	校验	×	√	√	√	√	
	85	VRRD	电位器变量输入	×	×	√	√	√	
	86	VRSC	电位器变量区间	×	×	√	√	√	
	87	—							
	88	PID	PID 运算	×	×	√	√	√	
	89	—							
浮点数运算	110	ECMP	二进制浮点数比较	×	×	×	×	√	
	111	EZCP	二进制浮点数区间比较	×	×	×	×	√	
	118	EBCD	二进制浮点数→十进制浮点数	×	×	×	×	√	
	119	EBIN	十进制浮点数→二进制浮点数	×	×	×	×	√	
	120	EADD	二进制浮点数加法	×	×	×	×	√	
	121	EUSB	二进制浮点数减法	×	×	×	×	√	

(续)

分类	FNC No.	指令助记符	功能说明	对应不同型号的PLC					
				FX0S	FX0N	FX1S	FX1N	FX2N	FX2NC
浮点数运算	122	EMUL	二进制浮点数乘法	×	×	×	×	√	
	123	EDIV	二进制浮点数除法	×	×	×	×	√	
	127	ESQR	二进制浮点数开平方	×	×	×	×	√	
	129	INT	二进制浮点数→二进制整数	×	×	×	×	√	
	130	SIN	二进制浮点数Sin运算	×	×	×	×	√	
	131	COS	二进制浮点数Cos运算	×	×	×	×	√	
	132	TAN	二进制浮点数Tan运算	×	×	×	×	√	
	147	SWAP	高低字节交换	×	×	×	×	√	
定位	155	ABS	ABS当前值读取	×	×	√	√	×	
	156	ZRN	原点回归	×	×	√	√	×	
	157	PLSY	可变速的脉冲输出	×	×	√	√	×	
	158	DRVI	相对位置控制	×	×	√	√	×	
	159	DRVA	绝对位置控制	×	×	√	√	×	
时钟运算	160	TCMP	时钟数据比较	×	×	√	√	√	
	161	TZCP	时钟数据区间比较	×	×	√	√	√	
	162	TADD	时钟数据加法	×	×	√	√	√	
	163	TSUB	时钟数据减法	×	×	√	√	√	
	166	TRD	时钟数据读出	×	×	√	√	√	
	167	TWR	时钟数据写入	×	×	√	√	√	
	169	HOUR	计时仪	×	×	√	√	√	
外围设备	170	GRY	二进制数→格雷码	×	×	×	×	√	
	171	GBIN	格雷码→二进制数	×	×	×	×	√	
	176	RD3A	模拟量模块(FX0N-3A)读出	×	√	×	√	×	
	177	WR3A	模拟量模块(FX0N-3A)写入	×	√	×	√	×	
触点比较	224	LD=	(S1)=(S2)时起始触点接通	×	×	√	√	√	
	225	LD>	(S1)>(S2)时起始触点接通	×	×	√	√	√	
	226	LD<	(S1)<(S2)时起始触点接通	×	×	√	√	√	
	228	LD<>	(S1)<>(S2)时起始触点接通	×	×	√	√	√	
	229	LD≤	(S1)≤(S2)时起始触点接通	×	×	√	√	√	
	230	LD≥	(S1)≥(S2)时起始触点接通	×	×	√	√	√	
	232	AND=	(S1)=(S2)时串联触点接通	×	×	√	√	√	
	233	AND>	(S1)>(S2)时串联触点接通	×	×	√	√	√	
	234	AND<	(S1)<(S2)时串联触点接通	×	×	√	√	√	
	236	AND<>	(S1)<>(S2)时串联触点接通	×	×	√	√	√	
	237	AND≤	(S1)≤(S2)时串联触点接通	×	×	√	√	√	
	238	AND≥	(S1)≥(S2)时串联触点接通	×	×	√	√	√	
触点比较	240	OR=	(S1)=(S2)时并联触点接通	×	×	√	√	√	
	241	OR>	(S1)>(S2)时并联触点接通	×	×	√	√	√	
	242	OR<	(S1)<(S2)时并联触点接通	×	×	√	√	√	
	244	OR<>	(S1)<>(S2)时并联触点接通	×	×	√	√	√	
	245	OR≤	(S1)≤(S2)时并联触点接通	×	×	√	√	√	
	246	OR≥	(S1)≥(S2)时并联触点接通	×	×	√	√	√	

注:表中标注"√"的表示可用;标注"×"的表示不可用。

项目学习评价小结

1. 学生自我评价(思考题)

①功能指令与基本指令有哪些区别,谈谈你的想法。

②任务中训练的功能指令都理解并掌握了吗?能否运用它们来设计其他的控制电路。

③工作生活中还有很多案例是通过功能指令来实现的,如自动售货机,请思考其控制会用到哪些功能指令。

2. 项目评价报告表

专业：　　　　　　班级：　　　　　　学员姓名：

项目完成时间：　　　年　　月　　日　——　　年　　月　　日

评价项目		评价标准	评价依据（信息、佐证）	评价方式		权重	得分小计	总分
				小组评价 0.4	教师评价 0.6			
职业素质		1. 遵守课堂管理规定。 2. 爱护仪器设备，具有良好的岗位素质和职业习惯。 3. 按时完成学习任务。 4. 工作积极主动、勤学好问，积极参与讨论。 5. 具有较强的团队精神、合作意识，能团结同组成员	项目训练表现			20分		
专业能力	程序编写	1. 功能指令的运用是否合理。 2. 符合指令使用规则。 3. 能实现预定控制	1. 书面作业和训练报告。 2. 项目任务完成情况记录			70分		
	外部接线	1. 接线过程中遵守安全操作制度，操作规范。 2. 外部接线正确,连接到位						
	调试与排故	1. 能对元件的动作进行监控,会修改元件参数。 2. 出现错误时,能及时按照正确步骤进行修改。 3. 操作不盲目、有条不紊						
创新能力		能够推广、应用国内相关专业的新工艺、新技术、新材料、新设备,能在项目任务结束后向老师或同学提出项目控制中的局限性及其改进的措施	1. "四新"技术的应用情况。 2. 思考题完成情况。 3. 梯形图有新意。 4. 提出更合理的项目实施步骤			10分		
指导教师综合评价		指导老师签名：					日期：	

3. 本项目训练小结

PLC功能指令众多,项目中所列举和分析的只是其中很少的一部分。但是通过训练我们很容易发现,在一些较为复杂或逻辑关系错综复杂的场合,功能指令的使用不但大大降低了编程的难度,而且功能的实现变得更加容易。掌握常用功能指令是充分发挥 PLC 功能的有效途径。项目练习引导学生学习并掌握数据移动、程序控制、数据比较、移位控制、算术运算等类的功能指令。通过项目训练可以发现,要掌握这些指令不但要亲自动手、动脑,还要勤学好问、善于类比和举一反三,只有不断的练习和思考才能逐渐掌握功能指令,为今后实现更多复杂的自动化控制提供帮助。

项目八　PLC 在工业控制中的应用

项目情景展示

　　PLC 是典型的工业自动化控制设备,在工业领域中应用普遍,如纺织行业、食品饮料和产品包装生产线,以及钢铁生产等,如图 8-1 所示。本项目中我们将运用 PLC 系统设计的知识对一些工业控制中的设备进行控制。通过任务驱动的方式,着重掌握 PLC 在工业设备控制和设备改良上的基本步骤与方法,也为日后进行产品说明书编写奠定良好基础。

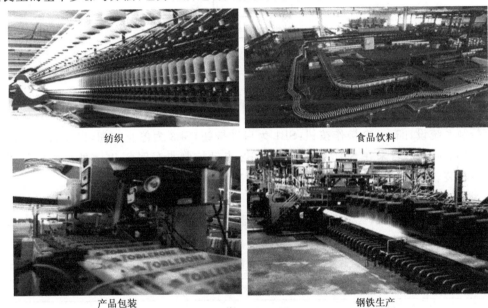

图 8-1　不同工业行业中的 PLC 应用

项目学习目标

	学习目标	学习方式	学时分配
技能目标	1. 正确连接 PLC 控制系统的电气回路。 2. 准确按照工业设备及生产要求对控制程序进行现场调试	讲授、实际操作	14
知识目标	1. 弄清 PLC 控制系统设计基本原则、步骤与系统程序调试的方法,能正确分析工业控制系统的工作过程。 2. 综合应用 PLC 基本指令、步进指令和部分功能指令。 3. 具备撰写设备说明书或操作手册的能力	讲授	6

任务一 运料小车自动往返控制

1. 任务描述

一工业现场运料小车如图8-2所示,当SB1按下,小车右行至右限位SQ2(X3)处停止并开始卸料。25s后小车向左运行,到达左限位(X4)处停止开始装料,20s后小车再次运行重复上述动作,直到按下停止按钮SB2小车立即停止。

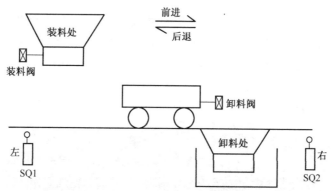

图 8-2 工业用运料小车工作示意图

该控制系统设计有三个操作按钮:SB1为启动按钮,SB3为停止按钮,SB2为点动控制按钮。SB1按下启动后若未在SQ1处,需通过SB2点动控制小车回到SQ1处再按控制要求动作。如果在装、卸料过程中按下SB3则要求继续当前动作,直到完成该动作。

2. 搭建硬件电路

①按照具体分组情况,成员共同探讨、协商,制订出满足任务所需的总体设计方案。编写项目所需设备及元器件清单并填写元器件列表8-1。

表 8-1 所需元器件

编号	元器件名称	型号、规格	数量	单位	备注
1	PLC	FX2N-64MR	1	台	
2	按钮	LA10-3H	3	个	
3	交流接触器	CJ20-10	2	个	AC220V
4	熔断器	RC1A-15	3	个	主电路用
5	空气开关	DZ20-100/320	2	个	PLC和电机各用1个
6	端子板	TC系列	1	组	每组含20个端子
7	行程开关(或光电开关)	YBLX-K1/111	2	个	
8	三相交流异步电动机	Y80M1-2	1	台	0.75kW
9	热继电器	LR2-D23	1	个	
10	电磁阀	DC24V驱动	2	个	装、卸料
11	常用工具	低压电工工具	1	套	含钳子、改刀、万用表

②依照表8-1填写符合系统要求的PLC输入输出分配表8-2,根据输入输出地址分配绘制出对应的I/O分配图。

表 8-2 输入输出分配表

输入端子	输入设备及名称	用途	输出端子	输入设备及名称	用途
X1			Y1		
X2			Y2		
X3			Y3		
X4			Y4		
X5					

③根据 I/O 分配图将控制系统各部分元器件进行安装、连接。确保安全的情况下进行电路通电调试。

3. 编程并调试

①该系统共包含多少输入与输出元件,要用到哪些软元件? 要实现任务的要求,采用哪种编程方法? 确定编程思路和程序结构。

②根据确定的编程思路,明确任务所要求的动作,完成程序编写。

③检查语法错误,完善程序,并进行通电调试。

4. 工作过程(建议学生 3 人一组,合作完成)

①根据任务描述理解任务要求按照表 8-2 所列地址画出 I/O 接线图并完成硬件连接(三个按钮、两个行程开关为输入,两个正反转控制线圈和两个装卸料电磁阀为输出构成的 PLC 控制系统,条件允许时可完成三相交流异步电动机的正反转主电路的绘制与安装),确保电路的正确性和完整性。

②合理运用编程方法,编写满项目要求的梯形图程序;可分步或者整体编写。合上 QS,将编写的程序传送至 PLC。

③进行系统调试并监控程序,查看程序执行的过程。记录动作情况并填写调试动作表 8-3。

表 8-3 调试动作表

操作动作	PLC 输出继电器通断情况	输出器件的变化情况
SB1 按下且 SQ1 闭合		
SB2 按下		
装卸料时 SB3 按下		
未装卸料时 SB3 按下		
压下右限位 SQ1		
压下左限位 SQ2		

④调试达到任务规定的功能要求后,保存程序并完善硬件电路工艺;软硬件调试且工艺结束后,将系统整体调试一次,确定正确无误后编写系统操作简要说明书,格式如下:

(　　　　)系统操作说明书

编写人员:		编写时间:	
系统组成及功能简介			
操作步骤与方法			
注意事项			

任务二　PLC 在液体混料罐中的控制

1. 任务描述

PLC 控制一工业现场用液体混料罐工作在多种配方模式下,如图 8-3 所示。液体混料罐由两个进料口、一个排料口、一个搅拌泵、三个液位检测开关和多个操作按钮及开关组成。工作时,能够进行两种不同配方液体的混合。

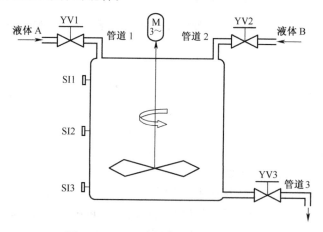

图 8-3　工业用液体混料罐工作示意图

第一种配方模式下。液体 A 经由管道 1 进入罐内,到达中液位 SI2 处时停止。第二种配方模式下,电磁阀 YV1 得电,液体 A 经由管道 1 进入罐内,到达中液位 SI2 处时停止。同时电磁阀 YV2 得电,液体 B 经由管道 2 进入罐内,到达高液位 SI1 处时停止。一旦进料动作结束,由三相异步电动机拖动的搅拌棒带动叶片转动,进行液体搅拌或混合,10s 后电动机停止工作,电磁阀 YV3 得电,加工后的液体经管道 3 排出,到达低液位 SI3 后完成一个工作循环。重复上述动作直到按下停止按钮。

该控制系统设计有三个操作按钮和一个工作方式选择开关:按下 SB1 后,设备启动。SB3 为单周期停止按钮,按下后设备在完成一个工作循环后停止。SB2 为急停按钮。不同配方的选择是通过 SA 来进行切换的。

2. 搭建硬件电路

①按照具体分组情况,成员共同探讨、协商,制订出满足任务所需的总体设计方案。编写项目所需设备及元器件清单并填写元器件列表 8-4。

表 8-4　所需元器件

编号	元器件名称	型号、规格	数量	单位	备注
1	PLC	FX2N-64MR	1	台	
2	按钮	LA10-3H	3	个	
3	选择开关	LA23-X-D2K	1	个	
4	交流接触器	CJ20-10	1	个	AC220V
5	熔断器	RC1A-15	3	个	主电路用
6	空气开关	DZ20-100/320	2	个	PLC 和电机各用 1 个
7	端子板	TC 系列	1	组	每组含 20 个端子

(续)

编号	元器件名称	型号、规格	数量	单位	备注
8	液位检测开关	WPH3-PHZB	3	个	可用按钮或开关代替
9	三相交流异步电动机	Y80M1-2	1	台	0.75kW
10	热继电器	LR2-D23	1	个	
11	电磁阀	DC24V	3	个	可用中间继电器代替
	常用工具	低压电工工具	1	套	含钳子、改刀、万用表

②填写符合系统要求的 PLC 输入输出分配表 8-5，根据输入输出地址分配绘制出对应的 I/O 分配图。

表 8-5 输入输出分配表

输入端子	输入设备及名称	用途	输出端子	输入设备及名称	用途
X1			Y1		
X2			Y2		
X3			Y3		
X4			Y4		
X5					
X6					
X7					

③根据 I/O 分配图将控制系统各部分元器件进行安装、连接。确保安全的情况下进行电路通电调试。

3. 编程并调试

①该系统共包含多少输入与输出元件，要用到哪些软元件？要实现任务的要求，采用哪种编程方法？确定编程思路和程序结构。

②编制 PLC 控制程序，检查程序，必要的地方要进行注释。

③用编程器或计算机将程序输入到 PLC 中。按照控制要求调试设备各个动作。必要时应在监控状态下进行程序的调试。调试过程中应根据控制过程进行分段调试和整体调试，逐步完善程序。调试完成后，对部分程序或指令进行必要的优化并保存程序。

4. 工作过程（建议学生3人一组，合作完成）

①根据任务描述理解任务要求，按照表 8-4 所列地址画出 I/O 接线图并完成硬件连接（三个按钮、两个行程开关为输入，两个正反转控制线圈和两个装卸料电磁阀为输出构成的 PLC 控制系统，条件允许时可完成三相交流异步电动机的正反转主电路的绘制与安装），确保电路的正确性和完整性。

②合理运用编程方法，编写满项目要求的梯形图程序，可分步或者整体编写。合上 QS，将编写的程序传送至 PLC。

③进行系统调试并监控程序，查看程序执行的过程。记录动作情况并填写调试动作表 8-6。

表 8-6 调试动作表

操作动作		PLC输出继电器通断情况	输出器件的变化情况
第一种配方模式 SA"OFF"	SB1 按下		
	SI2 得电		
第一种配方模式 SA"ON"	SB1 按下		
	SI2 得电		
	SI1 得电		
电机工作 10s 后			
SI3 得电			
急停按钮 SB2 按下			
周期停按钮 SB3 按下			

④调试达到任务规定的功能要求后,保存程序并完善硬件电路工艺;软硬件调试且工艺结束后,将系统整体调试一次,确定正确无误后编写系统操作简要说明书,格式如下:

（　　　）系统操作说明书

编写人员：	编写时间：
系统组成及功能简介	
操作步骤与方法	
注意事项	

任务三　液压工作台的 PLC 控制

1. 任务描述

自动化生产线上,有些生产机械的工作台需要按一定的顺序实现自动往返运动,并且有的还要求在某些位置有一定的时间停留,以满足生产工艺要求。如图 8-4 所示,利用 PLC 控制液压工作台按照"快进——工进——快退"循环动作。

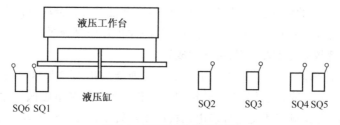

图 8-4　液压工作台示意图

系统正常工作状态下,启动按钮 SB1 按下,液压泵开始工作。工作台在液压缸带动下从 SQ1 处快进至 SQ2 处,速度变为工进 1。当工作台以工进 1 速度前进至 SQ3 处时速度变为工进 2,到达 SQ4 处停止 10s 后快退至 SQ1 处后完成一个工作循环。系统中左右两侧分别设计了两个硬限位 SQ5 和 SQ6,防止因液压缸超程而造成的误动作。当按下 SB2 后,系统立即停止。在系统非正常工作状态下通过SB3和SB4能实现液压缸点动控制慢退和工进1,用于对工作台位置的手动调整。SA为系统正常/非正常工作状态的切换开关。OFF时为正常工作,ON时为非正常工作。

液压原理图如图8-5所示。液压缸各种动作下电磁铁的通电顺序表如表8-7所列。

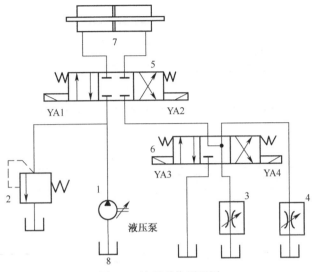

图8-5 液压系统原理图

表8-7 液压缸各种动作下电磁铁的通电顺序表

动作	方向控制		速度控制		液压泵电机
	YA1	YA2	YA3	YA4	
快进	+	−	+	−	+
工进1	+	−	−	−	+
工进2	+	−	−	+	+
慢退	−	+	−	+	+
快退	−	+	+	−	+
停止	−	−	−	−	−

2. 搭建硬件电路

①按照具体分组情况,成员共同探讨、协商,制订出满足任务所需的总体设计方案。编写项目所需设备及元器件清单并填写项目元器件列表8-8。

表8-8 项目所需元器件

编号	元器件名称	型号、规格	数量	单位	备注
1	PLC	FX2N-64MR	1	台	
2	按钮	LA10-3H	3	个	
3	交流接触器	CJ20-10	1	个	AC220V控制液压泵电动机
4	熔断器	RC1A-15	3	个	主电路用
5	空气开关	DZ20-100/320	2	个	PLC和电机用
6	热继电器	LR2-D23	1	个	
7	行程开关	LX23-322S	6	个	
8	单向定量液压泵	CB-FC	1	个	图8-5中元件1
9	换向阀	三位四通交流双电磁铁	2	个	图8-5中元件5、元件6(O形、Y形),可用4个DC24V直流中间继电器代替

(续)

编号	元器件名称	型号、规格	数量	单位	备注
10	调速阀	2FRM6A76-20B	2	个	图8-5中元件3、元件4，可用2个DC24V直流中间继电器代替
11	调压阀	WM-14	1	个	图8-5中元件2，控制液压系统压力
12	常用工具	低压电工工具	1	套	含钳子、改刀、万用表

注：若没有液压系统实验室，可将该项目中液压元件用继电器代替。（详见该表中8~11编号所示元件备注），进行系统模拟调试

②填写符合系统要求的PLC输入输出分配表如表8-9所列，根据输入输出地址分配绘制出对应的I/O分配图。

表8-9 输入输出分配表

输入端子	输入设备及名称	用途	输出端子	输入设备及名称	用途
X1			Y1		
X2			Y2		
X3			Y3		
X4			Y4		
X5			Y5		
X6			Y6		
X7					
X10					
X11					
X12					

③根据I/O分配图将控制系统各部分元器件进行安装、连接。确保安全的情况下进行电路通电调试。

3. 编程并调试

①该系统共包含多少输入与输出元件，要用到哪些软元件？要实现任务的要求，采用哪种编程方法？确定编程思路和程序结构。

②编制PLC控制程序，检查程序，必要的地方进行注释。

③用编程器或电脑将程序输入到PLC中。按照控制要求调试设备各个动作。必要时应在监控状态下进行程序的调试。调试过程中应根据控制过程进行分段调试和整体调试，逐步完善程序。调试完成后，对部分程序或指令进行必要的优化并保存程序。

4. 工作过程（建议学生3人一组，合作完成）

①根据任务描述理解任务要求，按照表8-9所列地址画出I/O接线图并完成硬件连接（四个按钮、六个行程开关和一个选择开关为输入，一个液压泵电机控制线圈、四个电磁阀和两个调速阀为输出构成的PLC控制系统），确保电路的正确性和完整性。

②合理运用编程方法，编写满项目要求的梯形图程序，可分步或者整体编写。合上QS，将编写的程序传送至PLC。

③进行系统调试并监控程序，查看程序执行的过程。记录动作情况并填写调试动作表8-10。

表 8-10 调试动作表

操作动作		PLC输出继电器通断情况	输出器件的变化情况
正常工作状态 SA"OFF"	SB1 按下		
	SQ2 压下		
	SQ3 压下		
	SQ4 压下 10s		
	SB2 按下		
非正常工作 SA"ON"	SB3 按下		
	SB4 按下		

④调试达到任务规定的功能要求后,保存程序并完善硬件电路工艺;软硬件调试且工艺结束后,将系统整体调试一次,确定正确无误后编写系统操作简要说明书,格式如下:

(　　　　)系统操作说明书

编写人员:	编写时间:
系统组成及功能简介	
操作步骤与方法	
注意事项	

任务四　饮料灌装生产流水线(四级皮带轮)的 PLC 控制

1. 任务描述

图 8-6 所示为一工业用四级皮带轮传送工作示意图。在现代化工业生产中,皮带轮传送已经被广泛使用于各种自动化生产流水线中,如饮料灌装生产线、电子产品焊接与装配生产线等。

传统的生产线控制大都采用继电器控制,随着生产规模的不断扩大,传统控制方法已经不能满足生产的需求,PLC 的出现不但提高了控制系统的稳定性和可靠性,而且还提高了工作效率,从而对生产厂家减少劳动力、降低生产成本作出了较大贡献。

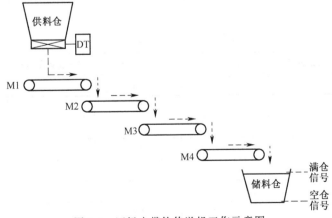

图 8-6 四级皮带轮传送机工作示意图

如图8-6所示,当启动按钮按下或空仓信号满足时,系统能够自动启动运输机。为使皮带上不留物料,按下停止按钮时能够使物料流动方向按一定时间间隔顺序停止。按下模拟过载开关时能够按照要求停止运输机,并且实现声光报警。过载解除后按下启动按钮,为避免前段皮带发生物料堆积,要求按照物料流动相反方向按一定时间间隔顺序启动。按下紧急停止按钮能够立即停止运输机和电磁阀DT,按下点动按钮能够实现点动控制。

具体操作要求是:正常启动后,按照M1→DT→M2→M3→M4,间隔10s;停止时,按照DT→M1→M2→M3→M4,间隔10s;按下过载模拟开关,所有设备全部停止,报警用蜂鸣器按照5Hz频率鸣叫,报警灯按照10Hz频率闪烁。过载解除后,按下启动按钮则按照M4→M3→M2→M1→DT的启动顺序,间隔10s;按下紧急停止按钮或是出现满仓信号后,所有电机与电磁阀停止动作。开关SA置为ON,则电磁阀DT、电动机M1、M2、M3、M4能够实现点动运行。

2. 搭建硬件电路

①按照具体分组情况,成员共同探讨、协商,制订出满足任务所需的总体设计方案。编写项目所需设备及元器件清单并填写项目元器件列表8-11。

表8-11 项目所需元器件

编号	元器件名称	型号、规格	数量	单位	备注
1	PLC	FX2N-64MR	1	台	
2	按钮(含开关)	LA10-3H	9	个	
3	交流接触器	CJ20-10	2	个	AC220V
4	熔断器	RC1A-15	3	个	主电路用
5	空气开关	DZ20-100/320	2	个	PLC和电机用
6	低压断路器	NA1-16A	1	个	主电路用
7	热继电器	LR2-D23	4	个	
8	电动机	Y80M1-2	4	台	0.75kW
9	光电开关	E3JK-R4M1	2	个	可用按钮代替
10	蜂鸣器	ADK16-22MS	1	个	
11	报警灯	PS-12	1	盏	
12	电磁阀	DC24V	1	个	可用中间继电器代替

②填写符合系统要求的PLC输入输出分配表8-12,根据输入输出地址分配绘制出对应的I/O分配图。

表8-12 输入输出分配表

输入端子	输入设备及名称	用途	输出端子	输入设备及名称	用途
X1			Y1		
X2			Y2		
X3			Y3		
X4			Y4		
X5			Y5		
X6			Y6		
X7			Y7		

(续)

输入端子	输入设备及名称	用　途	输出端子	输入设备及名称	用　途
X10					
X11					
X12					
X13					
X14					

③根据 I/O 分配图将控制系统各部分元器件进行安装、连接。确保安全的情况下进行电路通电调试。

3. 编程并调试

①该系统共包含多少输入与输出元件,要用到哪些软元件?要实现任务的要求,采用哪种编程方法?确定编程思路和程序结构。

②编制 PLC 控制程序,检查程序,必要的地方进行注释。

③用编程器或电脑将程序输入到 PLC 中。按照控制要求调试设备各个动作,必要时应在监控状态下进行程序的调试。调试过程中应根据控制过程进行分段调试和整体调试,逐步完善程序。调试完成后,对部分程序或指令进行必要的优化并保存程序。

4. 工作过程(建议学生 3 人一组,合作完成)

①根据任务描述理解任务要求,按照表 8-13 所列地址画出 I/O 接线图并完成硬件连接(八个按钮、两个光电开关、一个过载模拟开关和一个选择开关为输入,一个直流电磁阀、一个蜂鸣器、一个报警灯和四个交流接触器为输出构成的 PLC 控制系统),确保电路的正确性和完整性。

②合理运用编程方法,编写满项目要求的梯形图程序,可分步或者整体编写。合上 QS,将编写的程序传送至 PLC。

③进行系统调试并监控程序,查看程序执行的过程。记录动作情况并填写调试动作表8-13。

表 8-13　调试动作表

输入或操作动作		PLC 输出继电器通断情况	输出器件的变化情况
SA "OFF"	顺序启动按钮 SB1 按下		
	逆序停止按钮 SB2 按下		
	过载模拟开关闭合		
	紧急停止按钮按下		
	满仓信号		
SA "ON"	DT 手动按钮 SB3 按下		
	M1 手动按钮 SB4 按下		
	M2 手动按钮 SB5 按下		
	M3 手动按钮 SB6 按下		
	M4 手动按钮 SB7 按下		

④调试达到任务规定的功能要求后,保存程序并完善硬件电路工艺;软硬件调试且工艺结束后,将系统整体调试一次,确定正确无误后编写系统操作简要说明书,格式如下:

（　　　）系统操作说明书

编写人员：	编写时间：
系统组成及功能简介	
操作步骤与方法	
注意事项	

任务五　PLC在三面铣组合机床控制系统中的应用

1. 任务描述

三面铣组合机床是用来对Z512W型台式钻床主轴箱的$\phi 80$、$\phi 90$孔端面及定位面进行铣销加工的一种自动加工设备。图8-7所示为加工工件的示意图。

机床主要由底座、床身、铣削动力头、液压动力滑台、液压站、工作台、工件松紧油缸等组成。机床底座上安放有床身，床身上一头安装有液压动力滑台，工件及夹紧装置放于滑台上。床身的两边各安装有一台铣削头，上方有立铣头，液压站在机床附近。

三面铣组合机床的加工过程如图8-8所示。操作者将要加工的零件放在工作台的夹具中，在其他准备工作就绪后，发出加工指令。工件夹紧后压力继电器动作，液压动力滑台（工作台）开始快进，到位转工进，同时启动左和右1铣头开始加工，加工到某一位置，立铣头开始加工，加工又过一定位置右1铣头停止，右2铣头开始加工，加工到终点三台电动机同时停止。待电动机完全停止后，滑台快退回原位，工件松开，一个自动工作循环结束。操作者取下加工好的工件，再放上未加工的零件，重新发出加工指令重复上述工作过程。

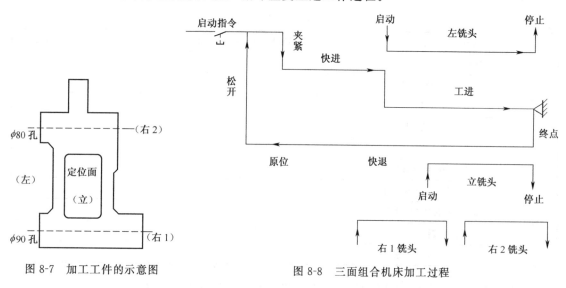

图8-7　加工工件的示意图　　　　图8-8　三面组合机床加工过程

三面铣组合机床中液压动力滑台的运动和工件松紧是由液压系统实现的。图8-9所示为液压系统的原理图,其液压元件动作情况如表 8-14 所列。

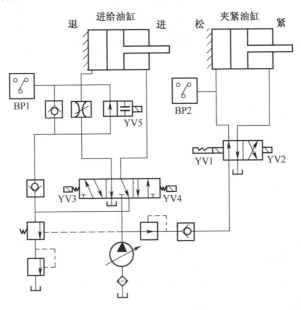

图 8-9 液压系统原理图

表 8-14 液压元件动作表

元件\工序	YV1	YV2	YV3	YV4	YV5	BP1	BP2
原位	−	+	−	−	−	−	−
夹紧	+	−	−	−	−	−	+
快进	+	−	+	−	−	−	+
工进	+	−	+	−	+	−	+
死挡块停留	+	−	+	−	+	+	+
快退	+	−	−	+	−	−	+
松开	−	+	−	−	−	−	−

上述系统设有单循环自动工作、单铣头自动循环工作、点动三种工作方式。

单循环自动工作指油泵电机在自动加工一个循环后停机。单铣头自动循环工作包括左铣头单循环工作、右1铣头单循环工作、右2铣头单循环工作、立头单循环工作。单铣头自动循环工作时,要考虑各铣头的加工区间。

点动工作包括四台主轴电机均能点动对刀、滑台快速(快进、快退)点动调整、松紧油缸的调整(手动松开与手动夹紧)。

五台电动机均为单向旋转。有电源、油泵工作、工件夹紧、加工等信号指示和照明电路和必要的联锁环节与保护环节。

2. 搭建硬件电路

①按照具体分组情况,成员共同探讨、协商,制订出满足任务所需的总体设计方案。编写项目所需设备及元器件清单并填写项目元器件列表 8-15。

表 8-15 项目所需元器件

编号	元器件名称	型号、规格	数量	单位	备注
1	PLC	FX2N-64MR	1	台	
2	按钮(含开关)	LA10-3H	3	个	
3	交流接触器	CJ20-10	5	个	
4	熔断器	RC1A-15	15	个	
5	空气开关	DZ20-100/320	2	个	
6	热继电器	LR2-D23	5	个	
7	行程开关	LX23-322S	6	个	
8	单向液压泵	CB-FC	1	个	
9	电磁阀	两位两通单	1	个	液压开关
10	双电磁阀	三位五通	1	个	
11	双电磁阀	两位四通	1	个	可手动控制
12	单向阀	DG4V3S	1	个	
13	节流阀	DGMX2-5-PP-FW-B-30	1	个	
14	调压阀	WM-14	1	个	
15	压力继电器	IS1000E-40F04-X215	1	个	
16	液压缸	单活塞杆缸	2	个	
17	指示灯	AC220V	1	盏	
18	照明灯	AC36V	1	盏	
20	常用工具	低压电工工具	1	套	含钳子、改刀、万用表

注:若没有液压系统实验室,可将该项目中液压元件取消或用气动元件代替,进行系统模拟调试

②填写符合系统要求的 PLC 输入输出分配表 8-16,根据输入输出地址分配绘制出对应的 I/O 分配图。

表 8-16 输入输出分配表

输入端子	输入设备及名称	用 途	输出端子	输入设备及名称	用 途
X1			Y1		
X2			Y2		
X3			Y3		
X4			Y4		
X5			Y5		
X6			Y6		
X7			Y7		
X10			Y10		
X11			Y11		
X12			Y12		
X13			Y13		
X14			Y14		
			Y15		
			Y16		
			Y17		

③根据 I/O 分配图将控制系统各部分元器件进行安装、连接。确保安全的情况下进行电路通电调试。

3. 编程并调试

①该系统共包含多少输入与输出元件，要用到哪些软元件？要实现任务的要求，采用哪种编程方法？确定编程思路和程序结构。

②编制 PLC 控制程序，检查程序，必要的地方进行注释。

③用编程器或电脑将程序输入到 PLC 中。按照控制要求调试设备各个动作，必要时应在监控状态下进行程序的调试。调试过程中应根据控制过程进行分段调试和整体调试，逐步完善程序。调试完成后，对部分程序或指令进行必要的优化并保存程序。

4. 工作过程（建议学生 3 人一组，合作完成）

①根据任务描述理解任务，要求，按照表 8-16 所列地址画出 I/O 接线图并完成硬件连接（四个按钮、六个行程开关和一个选择开关为输入，一个液压泵电机控制线圈、四个电磁阀和两个调速阀为输出构成的 PLC 控制系统），确保电路的正确性和完整性。

②合理运用编程方法，编写满项目要求的梯形图程序，可分步或者整体编写。合上 QS，将编写的程序传送至 PLC。

③进行系统调试并监控程序，查看程序执行的过程。记录动作情况并填写调试动作表8-17。

表 8-17 调试动作表

工作模式和操作动作		PLC 输出继电器通断情况	输出器件的变化情况
单铣头自动循环	左铣头单循环		
	右1铣头单循环		
	右2铣头单循环		
	立头单循环		
单循环（单周期）			
点动控制	四台主轴电机手动操作		
	手动快进		
	手动快退		
	手动夹紧		
	手动放松		

④调试达到任务规定的功能要求后，保存程序并完善硬件电路工艺；软硬件调试且工艺结束后，将系统整体调试一次，确定正确无误后编写系统操作简要说明书，格式如下：

（　　　）系统操作说明书

编写人员：		编写时间：
系统组成及功能简介		
操作步骤与方法		
注意事项		

知识链接　工业控制中的 PLC 系统设计

知识点 1　工业控制中 PLC 系统设计的一般步骤

PLC 已广泛应用于工业控制的各个领域。随着 PLC 自身功能的不断增强，PLC 应用系统也越来越复杂，对 PLC 应用系统设计人员的要求也越来越高。PLC 应用系统设计流程如图 8-10 所示，若输入/输出较多，建议遵循先硬件设计，再软件设计原则，这样有利于编程元件地址的统筹安排。下面按图 8-10 所示的流程对 PLC 应用系统的设计进行介绍。

1. 系统规划

根据设计要求，了解与分析控制系统的工艺条件和基本控制要求，对整个设备的工作原理及生产工艺过程十分熟悉。由此合理选择并确定系统所需的输入输出设备。常用的输入设备有按钮、开关、传感器等，常用的输出设备有接触器、继电器、电磁阀、指示灯和信号灯等。

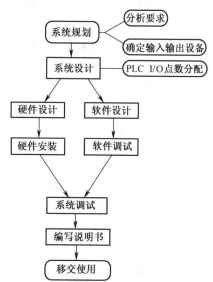

图 8-10　应用系统设计流程

2. 系统设计

系统设计主要是在系统规划的基础上对整个控制系统的软硬件进行整体设计。首先是进行 I/O 点数的合理分配，在此基础上分为两条开发设计路线：硬件设计和软件设计。

（1）硬件设计

合理选择 PLC 机型、容量等。根据 PLC 和 I/O 设备绘制出满足系统要求的 I/O 接线图或电气原理图并完成设备电气线路的安装。

（2）软件设计

软件设计是整个系统设计的核心工作。在充分理解控制要求的前提下，合理选择编程方法与步骤，运用基本指令、步进顺序控制指令和功能指令进行程序设计。

3. 系统调试

在 PLC 软硬件设计及现场安装完成后，可进行整个系统的联机调试。如果系统是由多个部分组成的，应先对每个局部进行调试，最后再整体调试。当控制程序步数较多时，可先进行分段调试，再进行总体调试。对于调试中发现的软硬件问题要逐一排除直至最终解决。调试完成后一定要保存好系统程序以便日后的故障排除。

4. 编写说明书及相关技术文件

完整的系统设计应包含相应的图文资料，包括说明书、电气原理图、元件清单、硬件布置图、源程序。将所有的资料整理并存档以便查阅和培训使用。

知识点 2　节省 I/O 点数的方法

在工业设备的控制系统设计中，一方面因为系统中常常出现 I/O 点数不够的问题，如多种操作方式下的手动控制中需要较多的控制按钮,一些机电一体化设备中包含较多的行程开关或各种传感器和各类声光指示及报警装置;另一方面简单通过改变 PLC 型号和增加扩展模块来解决这类问题却又增加了系统的投入造成不必要的浪费。综合考虑下,就要求在系统设计过程中需要掌握一些必要的节省 I/O 点数的方法。

1. 多地控制或相同功能触点下可通过串并联方式减少占用输入点

功能相同的启动或停止按钮可以通过在外部输入电路串并联来解决。采用启动信号用按钮常开触点串联的形式,停止信号则按照按钮常闭触点并联的形式,如图 8-11 所示。当然在程序控制时,启动信号用常开,停止信号也用常开。

2. 多种操作方式下可通过分时分组输入减少占用输入点

分时分组输入指系统中不同时使用的两项或多项功能中,一个输入端口可以重复使用。在一些工业控制场合经常遇到多种工作方式下的控制,如手动/自动两种操作同时存在的系统,可以将自动和手动分组输入如图 8-12 所示,用 X0 切换手动、自动。编程时手/自动程序分开编写且不会同时执行。采用这种方式可以节省输入点。当然这种硬件连接方式对编程者有一定要求,另外为了防止寄生回路、出现错误的输入信号,在每个触点旁边均串联了一个二极管。

3. 某些保护和一些简单的设备控制可不占用 PLC 资源

一些简单的设备控制,如点动、连续等并不能体现出 PLC 的控制优势反而还增加系统的输入。另外在一些安全要求不太高的场合,即没有严格要求系统必须采用软、硬件双重保护。可以将这些保护,如过载保护、硬限位控制等直接通过 PLC 外部电路实现,如图 8-13 所示。

4. 输出端口器件的合并与分组

在 PLC 输出端口功率允许的条件下,可使用一个端口驱动多个动作完全相同的同类电压类型和等级的负载,如同为 AC220V 电压的线圈和指示灯可以并联后接入同一个输出点,如图 8-14 所示。

如果 KM 与 HL 电压等级或类型不同,也可以通过中间继电器辅助触点来控制,如图 8-15 所示。

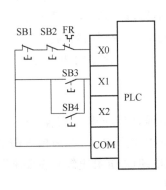

图 8-11 通过串并联的方式减少输入点的使用

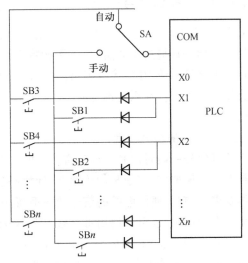

图 8-12 分组输入减少占用输入点

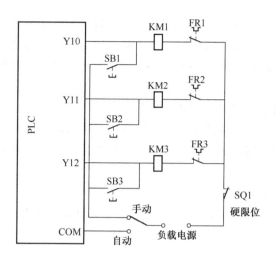
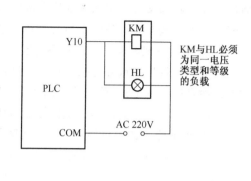

图 8-13 简单设备控制不占用 PLC 输入资源　　图 8-14 使用一个输出端口控制多个负载应用一

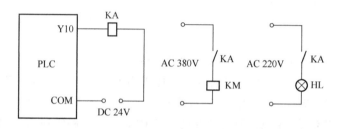

图 8-15 使用一个输出端口控制多个负载应用二

知识点 3　PLC 可靠性与抗干扰

PLC 是专门为工业环境设计的控制装置,一般不需要采取什么特殊措施,就可以直接在工业环境使用。但是环境过于恶劣,电磁干扰特别强烈或安装使用不当,都不能保证系统的正常安全运行。干扰可能使 PLC 接收到错误的信号,造成误动作;或使 PLC 内部的数据丢失,严重时甚至会使系统失控。在系统设计时,应采取相应的可靠的措施,以消除或减少干扰的影响,保证系统的正常运行。

1. 安装与布线的注意事项

①开关量信号一般对信号电缆没有严格的要求,可选用一般电缆,信号传输距离较远时,可选用屏蔽电缆。模拟信号(如脉冲传感器、计数码盘等提供的信号)应选屏蔽电缆,通信电缆对可靠性的要求高,有的通信电缆的信号频率很高,一般应选用专用电缆(如光纤电缆),在要求不高或信号频率较低时,也可以选用带屏蔽的多芯电缆或双绞线电缆。

②PLC 应远离干扰源,如大功率晶闸管装置、变频器、高频焊机和大型动力设备等。PLC 不能与高压电器安装在同一个开关柜内,在柜内 PLC 远离动力线(二者之间的距离应大于 200mm)。与 PLC 安装在同一个开关柜内的电感性元件,如继电器、接触器的线圈,应并联 RC 消弧电路。

③信号线与功率线应分开走线,电力电缆应单独走线,不同类型的线应分别装入不同的电

缆管或电缆槽中,并使其有尽可能大的空间距离,信号线应尽量开近地线或接地的金属导体

④当开关 I/O 线不能与动力线分开布线时,可用继电器来隔离 I/O 线上的干扰。当信号线距离超过 300mm 时,应采用中间继电器来传递信号,或使用 PLC 的远程 I/O 模块。

⑤I/O 线与电源应分开走线,并保持一定距离。如不得已要在同一线槽中布线,应采用屏蔽电缆,交流线与直流线应分别采用不同的电缆;开关量、模拟信号 I/O 线应分开敷设,后者应采用屏蔽线。如果模拟 I/O 信号距离 PLC 较远,应采用 4mA~20mA 或 0mA~10mA 的交流传输方式,而不用易受干扰的电压传输方式。

⑥传送模拟信号的屏蔽线,其屏蔽层应一端接地,为了泄放高频干扰,数字信号线的屏蔽层应并联电位均衡线,其电阻应小于屏蔽层电阻的 1/10,并将屏蔽层两端接地。如果无法设置电位均衡线,或只考虑抑制低频干扰时,也可以一端接地。

⑦不同的信号线最好不用一个插件转接,如必须用一个插件,要用备用的端子或地线端子将其分隔开,以减少相互干扰。

2. PLC 控制系统的接地

接地的目的一是为了安全,二是为了抑制干扰。在工业控制中,良好的接地是 PLC 安全可靠运行的重要条件,PLC 与强电设备最好分别使用接地装置,接地线的截面积应大于 2mm²,接地点与 PLC 的距离应小于 50mm。

在发电机厂或变电站,有接地网可供使用。各控制屏和自动化元件可能距离较远,若把它们在就近的接地点接地,强电设备的接地电流可能在两个接地点之间产生较大的点位差,干扰控制系统的工作。为防止不同信号回路接地线上的电流引起交叉干扰,必须分系统(如以控制屏为单位)将弱电信号的内部地线接通,然后各自用规定截面积的导线系统引到接地网络的某一点,从而实现控制系统一点接地的要求。

为抑制附加在电源及输入、输出端的干扰,最好给 PLC 设专用接地线,如图 8-16(a)所示。若实际生产达不到这个要求,可采用公共接地方式,如图 8-16(b)所示。但不可采用串联接地方式,如图 8-16(c)所示,因为这会使各个设备间产生电位差而引入干扰。另外接地电阻要小,保证接地点尽可能靠近 PLC。

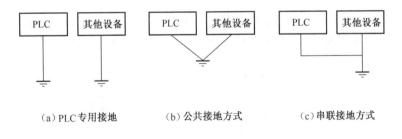

(a) PLC 专用接地　　(b) 公共接地方式　　(c) 串联接地方式

图 8-16　PLC 控制系统的接地

3. 强烈干扰环境中的抗干扰和隔离措施

PLC 内部用光耦合器、输出模块中的小型继电器和光电晶闸管等器件来实现对外部开关量信号的隔离,PLC 的模拟量 I/O 模块一般用光耦合来实现隔离。这些器件除了能减少或消除外部干扰对系统的影响外,还可以保护 CPU 模块,使其免受从外部串入 PLC 的高压的危害,因此一般不必在 PLC 外部再设置干扰隔离器件。

在某些工业环境,PLC 受到强烈的干扰。由于现场条件的限制,有时很长的强电电缆和

PLC 的低压控制电缆只能敷设在同一电缆沟内，强电干扰在输入线上产生的感应电压和感应电流相当大，足以使 PLC 输入端的光耦合器上的发光二级管发光，光耦合的隔离作用失效，使 PLC 产生误动作。在这种情况下，对于长线引入 PLC 的开关量信号，可以用小型继电器来隔离。开关柜内和距开关柜不远的输入信号一般不需要用继电器来隔离。

为提高抗干扰能力和防雷击，PLC 和计算机之间的串行通信线路可以考虑使用光纤，或是有带光耦合器的通信接口。

当感性负载作为输入时，为防止电路信号突变而产生感应电动势，可以通过图 8-17 所示的两种方法来解决。

图 8-17(a)为交流输入感性负载，当负载容量在 10V·A 以下时，$C=0.1\mu F$，$R=120\Omega$。当负载容量在 10V·A 以上时，$C=0.47\mu F$，$R=47\Omega$。图 8-17(b)为直流输入感性负载，VD 为续流二极管。

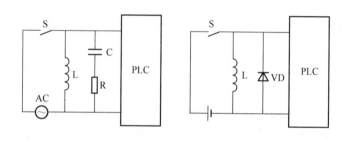

(a) 交流输入感性负载　　　(b) 直流输入感性负载

图 8-17　输入信号的抗干扰措施

4. PLC 输出的可靠性措施

在负载要求的输出功率超过 PLC 允许值时，应设置外部继电器。PLC 输出模块内的小型继电器的触点小、断弧能力差，一般不能用于直流 220V 电路中，必须用 PLC 驱动外部的继电器，用外部继电器的触点驱动直流 220V 的负载。

与输入电路类似，当输出负载为感性负载时，都会因为信号突变对输出回路产生干扰。为防止负载关断对输出点的损害，可增加保护电路来抑制高电压的产生，如图 8-18 所示。

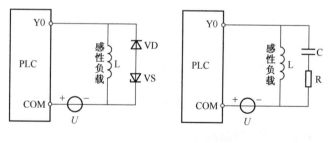

(a) 直流输出型保护电路　　　(b) 继电器输出型保护电路

图 8-18　不同输出类型的保护措施

如图 8-18 所示，图(a)为直流输出型保护电路，VD 额定电流为 1A 左右，该电路采用齐纳二极管作齐纳保护。图(b)为继电器输出型保护电路，图中 $R=U/I_L$，$C=I_L\times K$，I_L 为感性负载电流。

项目学习评价小结

1. 学生自我评价(思考题)

①项目中出现的 5 个项目任务其工作过程及控制要求是否都已经全部掌握？

②工业控制上，PLC 控制系统设计的一般步骤有哪些？在进行项目任务训练时，你是否是按照这个步骤进行的？

③在完成项目任务时，用到了哪些程序设计的方法，可否对你设计的程序进行一定的改进和完善？

2. 项目评价报告表

专业：		班级：		学员姓名：				
项目完成时间：		年 月 日 — 年 月 日						
评价项目		评价标准	评价依据（信息、佐证）	评价方式 小组评价 0.4	评价方式 教师评价 0.6	权重	得分小计	总分
职业素质		1. 遵守课堂管理规定。 2. 爱护仪器设备，具有良好的岗位素质和职业习惯。 3. 按时完成学习任务。 4. 工作积极主动、勤学好问，积极参与讨论。 5. 具有较强的团队精神、合作意识，能团结同组成员	项目训练表现			20 分		
专业能力	程序编写	1. 正确拟定程序设计思路，能合理选择编程方法完成程序的编写。 2. 编程思路清晰、编写规范。 3. 能实现预定控制	1. 书面作业和训练报告。 2. 项目任务完成情况记录			70 分		
	外部接线	1. 接线过程中遵守安全操作制度，操作规范。 2. 外部接线正确，连接到位						
	调试与排故	1. 能对元件的动作进行监控，会修改元件参数。 2. 出现错误时，能及时按照正确步骤进行修改。 3. 操作不盲目、有条不紊						
创新能力		能够推广、应用国内相关专业的新工艺、新技术、新材料、新设备，能在项目任务结束后向老师或同学提出项目控制中的局限性及其改进的措施	1."四新"技术的应用情况。 2. 思考题完成情况。 3. 梯形图有新意。 4. 具有对工业控制的基本认识和创新理解			10 分		
指导教师综合评价		指导老师签名：				日期：		

3. 本项目训练小结

PLC作为工业控制器广泛应用于工厂电气控制及工业控制现场。在本项目中,采用项目引导的方式,列举了5个工业现场应用案例。通过项目任务的训练和最终实现,基本掌握了PLC在工业控制中系统设计的步骤、方法,也了解了完成一项完整的工业控制设计所必需的内容。

PLC应用于工业控制中,我们不但要用系统整体的概念去规划,还要考虑系统的应用前景及设计、开发成本。除此之外,还要培养独立撰写系统操作说明书的能力,为日后的社会工作奠定相应的理论基础。

项目九 PLC在触摸屏中的应用

项目情景展示

图9-1所示为一触摸屏启动画面。在现代工业控制中,触摸屏正在被广泛地使用。本项目将给大家介绍触摸屏基本的使用方法以及制作一个最简单的工程。让大家逐步了解PLC和人机界面是如何工作的。

图9-1 触摸屏启动画面

项目学习目标

学习目标		学习方式	学时分配
技能目标	1. 掌握EV5000软件的使用方法。 2. 能制作简单的工程并进行组态和联机下载	讲授、实际操作	6
知识目标	1. 掌握触摸屏的概念和应用环境。 2. MT4000型触摸屏的基本组成和使用方法	讲授	2

任务 制作一个最简单的工程

项目硬件要求:

①三菱PLC及其实训台1套(I/O点不低于16个);
②编程计算机1台(安装FX或GX编程软件、EV5000组态制作软件);
③MT4000触摸屏1台(含相关传输线1套)。

1. 制作工程的步骤和方法

(1)创建一个新的空白的工程

①安装好 EV5000 软件后,在[开始]/[程序]/[Stepservo]/[EV5000]下找到相应的可执行程序单击,如图 9-2 所示。

图 9-2　EV5000 程序的启动

②这时将弹出如图 9-3 所示画面。

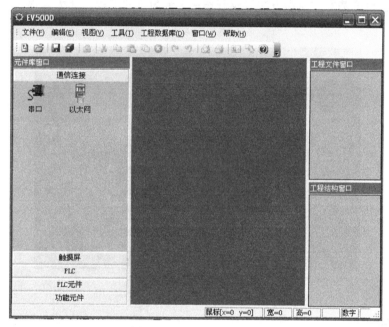

图 9-3　EV5000 启动界面

③单击菜单[文件]里的[新建工程],这时将弹出图 9-4 所示对话框,输入工程名称。在这里将工程命名为"test_01",单击[建立]即可。

图 9-4　新建工程

④也可以单击">>"来选择所建文件的存放路径,如图 9-5 所示。

⑤选择所需的通信连接方式,MT5000 支持串口、以太网连接,单击元件库窗口里的通信连接,选中所需的连接方式拖入工程结构窗口中即可,如图 9-6 所示。

⑥选择所需的触摸屏型号,将其拖入工程结构窗口。放开鼠标,将弹出图 9-7 所示对话框。

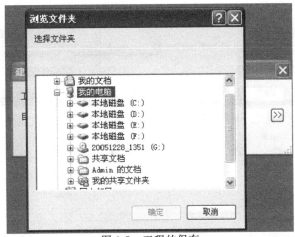

图 9-5　工程的保存

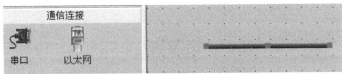

图 9-6　两种不同的通信方式选择

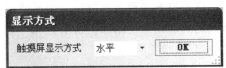

图 9-7　触摸屏显示方式的选择

可以选择水平或垂直方式显示,即水平还是垂直使用触摸屏,然后单击"OK"确认。

⑦选择需要连线的 PLC 类型,拖入工程结构窗口里,如图 9-8 所示。

图 9-8　选择 PLC 并拖入工程

⑧适当移动 HMI 和 PLC 的位置,将连接端口(白色梯形)靠近连接线的任意一端,就可以顺利将它们连接起来,如图 9-9 所示。注意:连接使用的端口号要与实际的物理连接一致。这样就成功地在 PLC 与 HMI 之间建立了连接。拉动 HMI 或者 PLC 检查连接线是否断开,如不断开就表示连接成功。

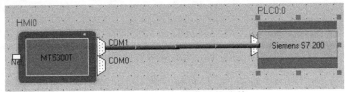

图 9-9　PLC 与触摸屏的连接

⑨然后双击 HMI0 图标,弹出图 9-10 所示的对话框。

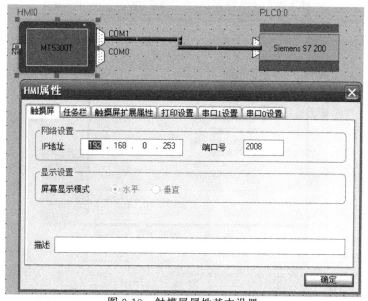

图 9-10 触摸屏属性基本设置

在此对话框中需要设置触摸屏的 IP 地址和端口号。如果使用的是单机系统,且不使用以太网下载组态和间接在线模拟,则可以不必设置此窗口。如果使用了以太网多机互联或以太网下载组态等功能,则需根据所在的局域网情况给触摸屏分配唯一的 IP 地址。如果网络内没有冲突,建议您不要修改默认的端口号。

⑩双击 PLC 图标,设置站号为相应的 PLC 站号,如图 9-11 所示。

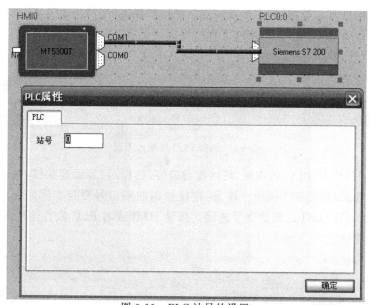

图 9-11 PLC 站号的设置

⑪设置连接参数:如图 9-12 所示,双击 HMI0 图标,在弹出的[HMI 属性]框里切换到[串口 1 设置]里修改串口 1 的参数(如果 PLC 连接在 COM0,则在[串口 0 设置]里修改串口 0 的参数)。

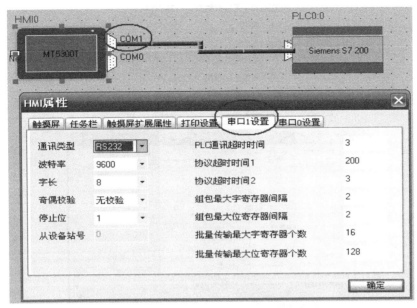

图 9-12 通信连接参数的设置

根据 PLC 的连线情况，设置通信类型为 RS232,RS485-4W 或 RS485-2W，并设置与 PLC 相同的波特率、字长、校验位、停止位等属性。右面一栏非高级用户，一般不必改动。

至此新工程就创建好了，按下工具条上的[保存]图标即可保存工程。

⑫选择菜单[工具]/[编译]，或者按下工具条上的[编译]图标。编译完毕后，在编译信息窗口会出现"编译完成"，如图 9-13 所示。

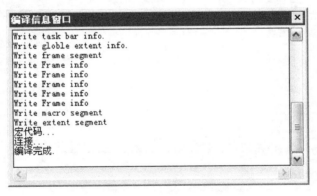

图 9-13 编译信息提示

⑬选择菜单[工具]/[离线模拟]，或者按下工具条上的[离线模拟]图标，如图 9-14 所示。

按下[仿真]，这时就可以看到刚刚创建的新空白工程的模拟图了，如图 9-15 所示。

可以看到该工程没有任何元件，也不能执行任何操作。在当前屏幕上单击鼠标右键[Close]或者直接按下空格键可以退出模拟程序。

(2) 创建一个开关元件

①首先在工程结构窗口中，选中 HMI 图标，单击右键里的[编辑组态]，如图 9-16 所示。

②然后就进入了编辑组态窗口，如图 9-17 所示。

159

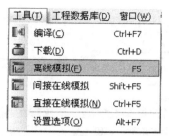

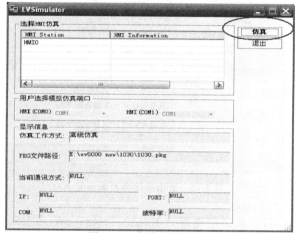

图 9-14 离线模拟、仿真

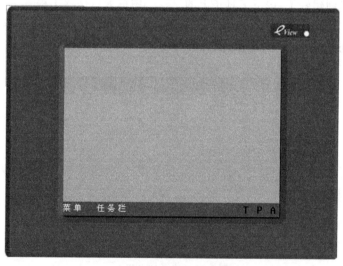

图 9-15 模拟界面

③在左边的 PLC 元件窗口里,轻轻单击图标,将其拖入编辑组态窗口中放置,这时将弹出位控制元件[基本属性]对话框,设置位控制元件的输入/输出地址,如图 9-18 所示。

④切换到[开关]页,设定开关类型,这里设定为切换开关,如图 9-19 所示。

⑤再切换到[标签]页,选中[使用标签],分别在[内容]里输入状态 0、状态 1 相应的标签,并选择标签的颜色(可以修改标签的对齐方式、字号、颜色),如图 9-20 所示。

⑥切换到[图形]页,选中[使用向量图]复选框,选择一个想要的图形,这里选择了图 9-21 所示的开关。

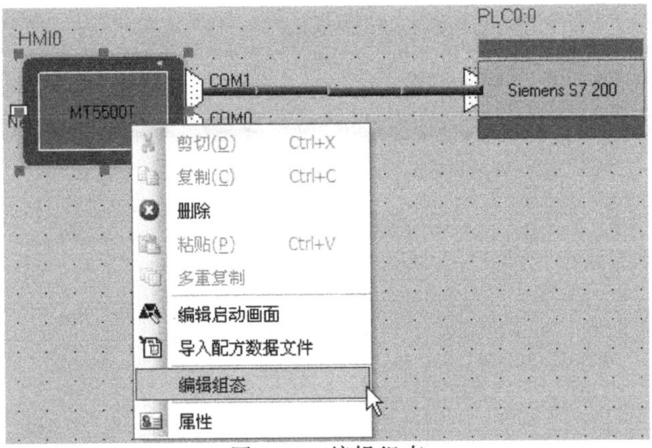

图 9-16 编辑组态

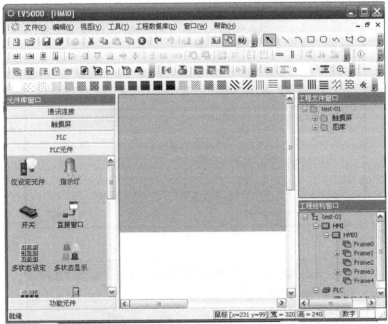

图 9-17 组态窗口

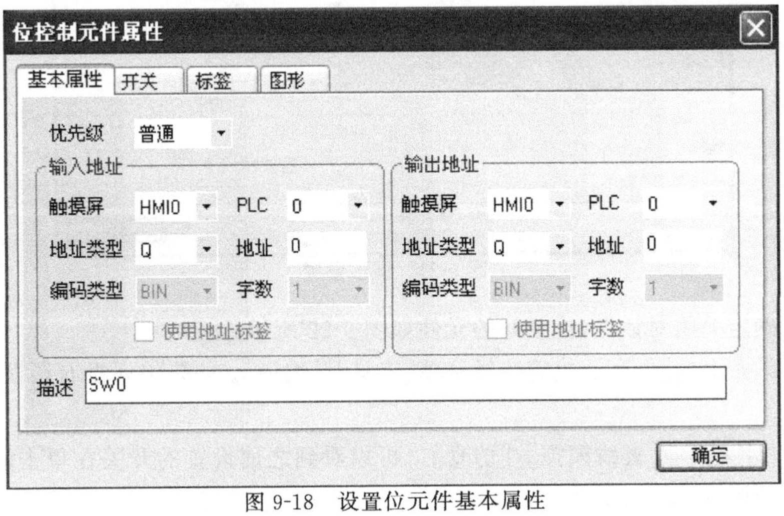

图 9-18 设置位元件基本属性

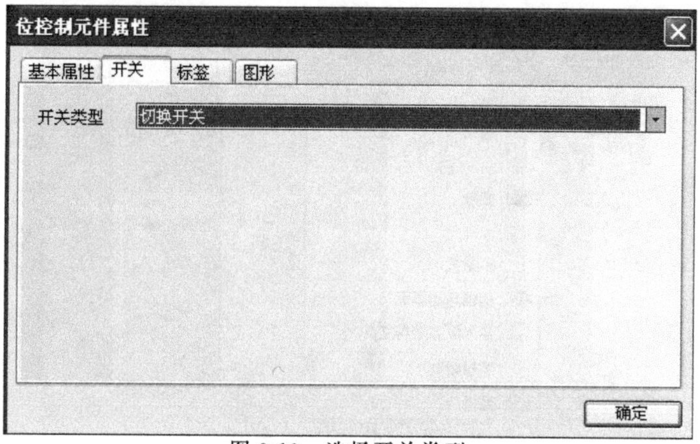

图 9-19 选择开关类型

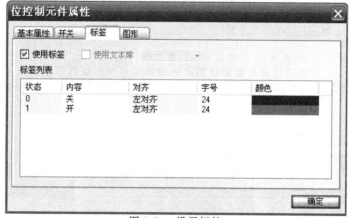

图 9-20 设置标签

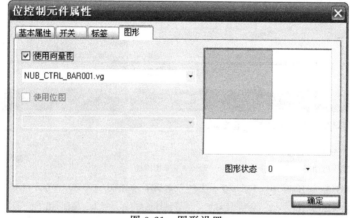

图 9-21 图形设置

⑦最后点确定关闭对话框,放置好的元件如图 9-22 所示。

⑧选择工具条上的[保存],接着选择菜单[工具]/[编译]。如果编译没有错误,那么这个工程就做完了。

⑨选择菜单[工具]/[离线模拟]/[仿真]。可以看到之前设置的开关在单击时可以像实物开关一样来回切换,如图 9-23 所示。

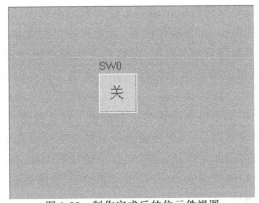

图 9-22 制作完成后的位元件视图

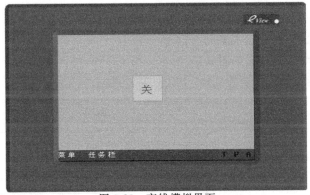

图 9-23 离线模拟界面

⑩如果已设置了 IP 地址,则可以使用间接在线模拟。

⑪选择菜单[工具]/[间接在线模拟],这时在计算机屏幕上用鼠标触控该开关,就会发现已经可以控制 PLC 对应的输出口 Q0 了。还可以让 PLC 的这个输出口来回切换开关状态。

(3)联机下载

①选择菜单[工具]/[下载]。

②下载完后,把触摸屏重新复位,这时就可以在触摸屏上通过手指来触控这个开关了。

至此,开关的制作就完成了。其他元件的制作方法与此类似,这里不再叙述。

2. 工作过程(建议学生 2 人~3 人一组,合作完成)

①根据实际情况按照制作工程的步骤和方法进行组态工程的制作。

②根据制作情况进行离线模拟(未完成该步骤的工作组,指导教师需进行帮助)。

③按照创建一个开关元件所示方法制作一个简单的开关元件并编译,最后进行仿真调试,如图 9-23 所示。

④联机下载与调试。在联机调试时,须在项目指导教师监督下完成。

知识链接　触摸屏和组态

知识点 1　触摸屏基本介绍

人机界面是在操作人员和机器设备之间做双向沟通的桥梁,用户可以自由地组合文字、按钮、图形、数字等来处理或监控管理及应付随时可能变化信息的多功能显示屏幕。以往的操作界面需由熟练的操作员才能操作,而且操作困难,无法提高工作效率。但是使用人机界面能够明确指示并告知操作员机器设备目前的状况,使操作变得简单生动,并且可以减少操作上的失误,即使是新手也可以很轻松地操作整个机器设备。使用人机界面还可以使机器的配线标准化、简单化,同时也能减少 PLC 控制器所需的 I/O 点数,降低生产的成本。同时,由于面板控制的小型化及高性能,相对地提高了整套设备的附加价值。触摸屏作为一种新型的人机界面,从一出现就受到关注,它的简单易用,强大的功能及优异的稳定性使它非常适合用于工业环境,甚至可以用于日常生活之中,应用非常广泛。例如:自动化停车设备、自动洗车机、天车升降控制、生产线监控等,甚至可用于智能大厦管理、会议室声光控制、温度调整。

1. MT4000 触摸屏的接口

(1)串行接口

MT4000 有两个串行接口,标记为 COM0、COM1。两个口分别为公头和母头,以方便区分。COM0 为 9 针公头,管脚定义如图 9-24 所示。

COM1 为 9 针母头,管脚图如图 9-25 所示。与 COM0 的区别仅在于 PC_RXD,PC_TXD 被换成了 PLC 232 连接的硬件流控 TRS_PLC,CTS_PLC。

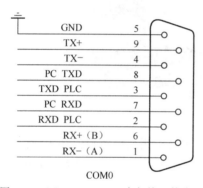

图 9-24 MT4000COM0 串行接口管脚图

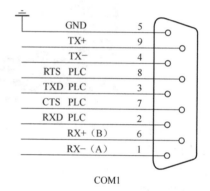

图 9-25 MT4000COM1 串行接口管脚图

(2)USB 接口

MT4000 提供了一个 USB 高速下载通道,它将大大加快下载的速度,且不需要预先知道目标触摸屏的 IP 地址。

端口图如图 9-26 所示,USB 端口从设备通信端口可以通过一条通用的 USB 通信电缆和 PC 机连接。端口用于下载用户组态程序到 MT4000 和设置其系统参数。

图 9-26 MT4000USB 端口图

2. MT4000 触摸屏的基本使用要求

①电源要求

输入电压:24(1±5%)V

启动电流:<1A

工作电流:<500mA

②紧急停止开关:使用 MT4000 时必须在电源输入端安装急停开关。

③操作时不能带电插拔通信电缆。

知识点 2 EV5000 组态软件介绍

1. 软件认识

①EV5000 界面如图 9-27 所示。

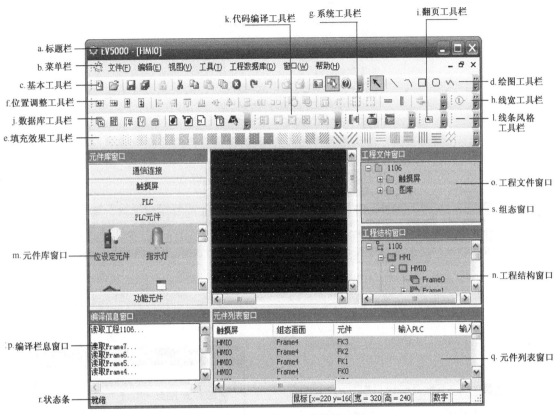

图 9-27 EV5000 主界面

②软件的基本使用方法此处不再详细叙述，读者可以参考 EV5000 的使用手册。

2. 注意几个问题

①选择菜单[视图]下的[元件列表窗口]，或者单击[按钮去哪儿了?]可用来打开元件列表窗口，如图 9-28 所示。

之后即可显示该工程所用到的所有元件信息，该信息包括"HMI 号、组态画面、元件、输入 PLC、输入地址类型、输入地址、输出 PLC、输出地址类型、输出地址"，直接双击条目，可以跳转到所选元件的组态画面，十分方便。

②关于工程的下载。当编译好工程以后，即可下载到触摸屏上进行实际操作。MT5000 提供了 3 种下载方式，它们分别是 USB、以太网、串口。MT4000 提供 2 种下载方式，分别为 USB 和串口。以太网的速度最快，通过串口和 USB 要稍微慢点。在下载和上传之前，要首先设置通信参数，通信参数的设置在菜单栏的[工具]栏里的[设置选项]里，如图 9-29 所示。

然后可看到如图 9-30 所示的对话框。

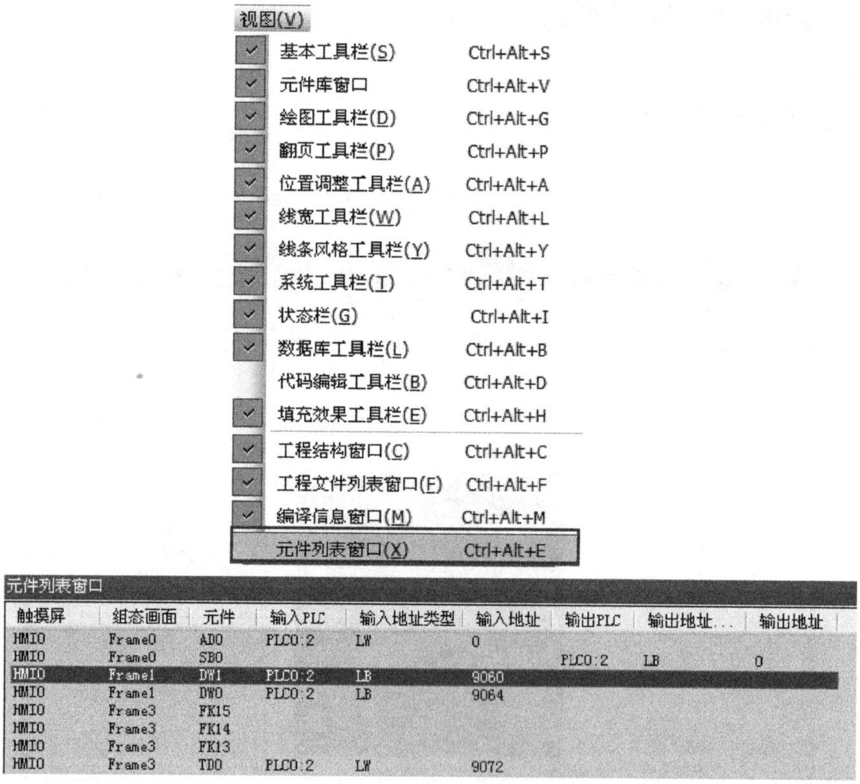

图 9-28 元件列表窗口的选择

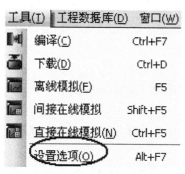

图 9-29 工程设置选项

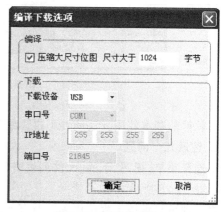

图 9-30 下载选项窗口

MT5000/4000 使用的是通用 USB 通信电缆，HMI 端接的是 USB 从设备端口，USB 主设备端接 PC 机。USB 端口仅用于下载用户组态程序到 HMI 和设置 HMI 系统参数。不能用于 USB 打印机等外围设备的连接。第一次使用 USB 下载，要手动安装驱动，把 USB 一端连接到 PC 的 USB 接口上，一端连接屏的 USB 接口，在屏上电的条件下，会弹出如图 9-31 所示的安装信息。

按照图 9-32~图 9-34 所示标注步骤依次操作进行安装。

直到完成，如图 9-35 所示。

USB 一旦安装成功，从我的电脑→属性→硬件→设备管理器里→通用串行总线控制器，可以查看到 USB 是否安装成功,如图 9-36 所示(触摸屏后的拨码开关如图 9-37 所示,标注处都为 OFF 时,才会出现 EVIEW USB)。

之后采用 USB 下载不需要再进行其他设置,下载设备选择 USB,然后确定,即可进行下载,如图 9-38 所示。

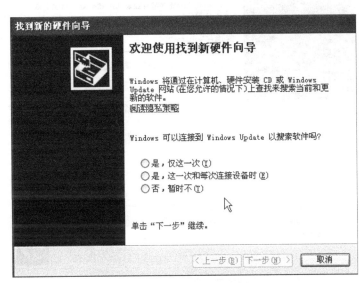

图 9-31　USB 连接后安装向导

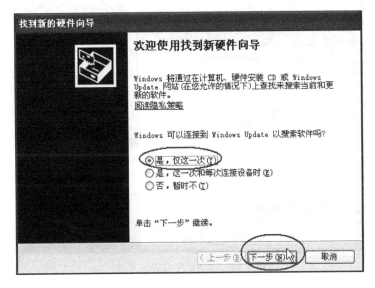

图 9-32　选择第一项

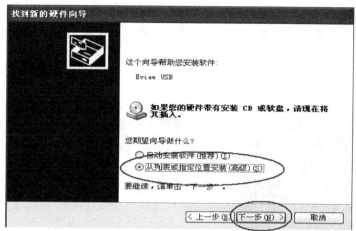

图 9-33 选择软件安装位置

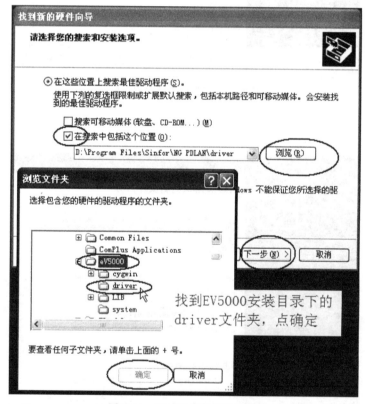

图 9-34 驱动程序位置的查找

图 9-35　USB 安装完成后界面

图 9-36　设备管理器中确认 USB 安装

图 9-37 触摸屏背面拨动开关位置

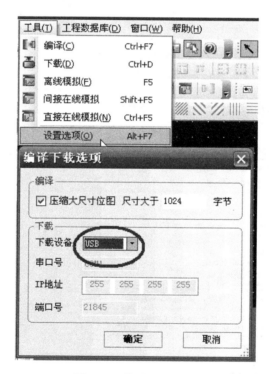

图 9-38 利用 USB 下载

项目学习评价小结

1. 学生自我评价(思考题)

①学习了该项目后能利用 EV5000 制作一个简单的工程吗？

②你制作的开关元件和实际的开关有区别吗？可否能多做几个进行比较？

2. 项目评价报告表

专业：		班级：		学员姓名：			
项目完成时间：		年 月 日 —		年 月 日			
评价项目	评价标准	评价依据（信息、佐证）	评价方式		权重	得分小计	总分
			小组评价 0.4	教师评价 0.6			
职业素质	1. 遵守课堂管理规定。 2. 爱护仪器设备,具有良好的岗位素质和职业习惯。 3. 按时完成学习任务。 4. 工作积极主动、勤学好问,积极参与讨论。 5. 具有较强的团队精神、合作意识,能团结同组成员	项目训练表现			20分		
专业能力 组态制作	1. 软件使用是否正确、规范。 2. 能否制作一个完整的工程	1. 书面作业和训练报告。 2. 项目任务完成情况记录			70分		
专业能力 外部接线	1. 接线过程中遵守安全操作制度,操作规范。 2. 外部接线正确,连接到位						
专业能力 下载与联机调试	1. 能准确的将工程下载到触摸屏。 2. 能实现预定控制。 3. 操作不盲目、有条不紊						
创新能力	能够推广、应用国内相关专业的新工艺、新技术、新材料、新设备,能在项目任务结束后向老师或同学提出项目控制中的局限性及其改进的措施	1. "四新"技术的应用情况。 2. 思考题完成情况。 3. 能否在项目任务之外,设计出更多的组态元件			10分		
指导教师综合评价	指导老师签名：			日期：			

3. 本项目训练小结

人机界面是 PLC 技术在当前的一个发展潮流,触摸屏被广泛地应用于各行各业。掌握这门技术将为我们以后步入社会增添重要的砝码。本项目中,以制作一个简单的工程实例为任务,引导大家去掌握 MT4000 触摸屏的基本使用方法以及组态制作要领。从而领会触摸屏与 PLC 之间的通信方式、工作方式、接口原理。希望在以后的学习工作中能够进一步利用和发挥 PLC 的功能。

附录 A 手持式 FX-20P 型编程器

PLC 的编程工具有编程器和计算机辅助编程(CAD)。编程器可直接安装在 PLC 的 CPU 单元上,对 PLC 进行编程和调试,是 PLC 应用最广泛的编程工具。特别是 PLC 未与上位计算机构成网路的情况下,必须用编程器作为编程工具。计算机辅助编程是指当上位计算机与 PLC 建立通信后,在上位机上运行专用的编程器,对 PLC 进行编程和调试。

1. 概述

编程器是 PLC 系统的人机接口,用户必须利用编程器才能对 PLC 进行程序的编写、输入、修改、删除以及对系统的运行情况进行监视和有关的故障诊断。编程器一般由微处理器、控制电路、储存器、键盘、显示部分以及外部接口组成。各种 PLC 可使用的编程器有简易编程器、图形编程器和智能编程器。

简易编程器是 PLC 最常用的编程设备,有手持式和安装式两种。两种编程器在键盘布置、液晶显示、形状设置以及用户操作和功能等方面几乎完全一样,不同的是与 CPU 的连接方式有差别。安装式编程器必须插在 CPU 接口卡上的插槽内使用,使用时编程器是固定的;而手持式编程器在距离 PLC 2m～4m 远的位置操作,使用时编程器的放置比较灵活。

2. FX-20P 型编程器的面板布置

(1)FX-20P 型编程器的面板布置(图 A-1)

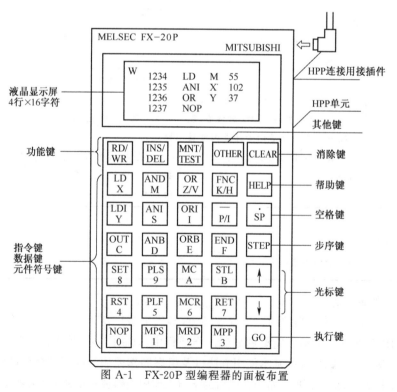

图 A-1 FX-20P 型编程器的面板布置

(2)液晶显示屏

FX-20P型编程器的液晶显示屏只能同时显示4行,每行16个字符,在编程操作时,显示屏上显示内容如图A-2所示。

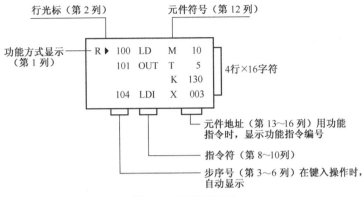

图A-2 液晶显示屏

①液晶显示屏左上角的黑三角提示符号是功能方式说明,介绍如下:R(Read)读出、W(Write)写入、I(Insert)插入、D(Delete)删除、M(Monitor)监视、T(Test)测试。

②功能键在编程时的功能如下:RD/WR键:读出/写入键.是双功能键,按第一下选择读出方式,在液晶显示屏的左侧显示是"R";按第二下选择写入方式,在液晶显示屏的左侧显示是"W";按第三下又回到读出方式,编程器当时的工作状态显示在液晶显示屏的左侧。

INS/DEL键:插入/删除键是双功能键,按第一下选择插入方式,在液晶显示屏的左侧显示是"I";按第二下选择删除方式,在液晶显示屏的左侧显示是"D";按第三下又回到插入方式,编程器当时的工作状态显示在液晶显示屏的左侧。

MNT/TEST键:监视/测试键。也是双功能键,按第一下选择监视方式,在液晶显示屏的左侧显示是"M";按第二下选择测试方式,在液晶显示屏的左侧显示是"T"。

GO键:执行键,用于对指令的确认和执行命令。在键入某指令后,再按下GO键,编程器就将该指令写入PLC的用户程序存储器,该键还可用来选择工作方式。

CLEAR键:清除键,在未按GO键之前,按下CLERR键,刚刚键入的操作码或操作数被清除。另外,该键还用来清除屏幕上的错误内容或恢复原来的画面。

SP键:空格键,输入多参数的指令时,用来指定操作数或常数。在监视工作方式下,若要监视位编程元件,先按下SP键,再送该编程元件和元件号。

STEP键:步序键,如果需要显示某步的指令,先按下STEP键,再送步序号。

↑、↓键:光标键,使光标上移或下移。

HELP键:帮助键,按下FNC键后按HELP键,屏幕上显示应用指令的分类菜单,再按下相应的数字键,就会显示出该类指令的全部指令名称。在监视方式下按HELP键,可用于使字编程元件内的数据在十进制和十六进制数之间进行切换。

OTHER键:"其它"键,无论什么时候按下它,立即进入菜单选择方式。

③指令键,元件符号键和数字键,它们都是双功能键,键的上部分是指令助记符,键的下部分是数字或软元件符号,何种功能有效,是在当前操作状态下,由功能自动定义。下面的双重元件符号Z/V,K/H和P/I交替起作用,反复按键时相互切换。

3. 编程操作与监控状态设置

(1)编程操作

在程序编制时,首先将 NOP 成批写入(抹去全部程序)PLC 内部的 ROM,然后通过键操作将程序写入。

清除程序如下:RD/WR→RD/WR→NOP→A→GO→GO

清除完成后就可以输入用户程序,下面是将指令输入:

```
W▶  0 NOP
    1 NOP
    2 NOP
    3 NOP
```

LD X000
OR Y000
ANI X001
OUT Y000
LD Y000
OUT T0
SP K10
LD T0
OUT Y001
END

输入程序过程:

LD→X→0→GO
OR→Y→0→GO
ANI→X→1→GO
OUT→Y→0→GO
LD→Y→0→GO
OUT→T→0→SP→K→1→0→GO
LD→T→0→GO
OUT→Y→1→GO
END→GO

程序写入完毕后,检查程序,方法如下:

RD/WR→STEP→0→GO→↓→↓

(2)检测

用模拟开关,可以监测所编程序的动作情况,过程如下:

①首先将电源断开,将模拟开关和 PLC 连接。

②通过 HPP 的键操作,指定软元件,确认动作。将电源接通,RUN 开关置 ON 状态。

③用下述操作,读出 Y000、Y001 的每一个 HPP 显示画面,并按照指示,操作模拟开关 X000、X001。

MNT→SP→Y→0→GO→↓

```
M   Y ■ 000
    Y ■ 001
```

当 X000 为 ON,X001 为 OFF 时,Y000 为 ON;

当 Y000 为 ON,T0 为 ON 时,Y001 为 ON。

在显示画面上,Y 后面的"■"标记表示 ON;如果当 X000 为 ON,X001 为 OFF 时,Y000 不动作,则说明电路某处有错误,再次利用读出功能,检查程序。

4. 写入的基本操作

基本指令和顺序步进指令的输入有如下 3 种情况：

(1)仅输入指令

只需输入指令的有：ANB、ORB、MPS、MRD、MPP、RET、END、NOP。以 ORB 指令说明键入方法：

$$写入功能 \rightarrow ORB \rightarrow GO$$

(2)输入指令及软件

输入指令及软件有：LD、LDI、AND、ANI、OR、ORI、SET、RST、PLS、MCR、PLF、STL、OUT。以 LD X000 指令说明输入法：

$$写入功能 \rightarrow OUT \rightarrow 0 \rightarrow GO$$

(3)输入指令及第 1 软元件、第 2 软元件

输入指令及第 1 软元件、第 2 软元件有：MC、OUT(T、C)。以 OUT T1 K18 指令说明键输入方法：

$$写入功能 \rightarrow OUT \rightarrow T \rightarrow 1 \rightarrow SP \rightarrow K \rightarrow 1 \rightarrow 8 \rightarrow GO$$

5. 修改、删除、插入程序

(1)修改程序

程序检查有错误或程序设计有问题，应对程序进行修改。如欲将原指令中 Y002 每 1s 闪烁一次改为 Y000 每 0.1s 闪烁一次，则需要将 M8013 改为 M8012 即可，同理将 X000 改为 X002 即可。

(2)修改方法

必须将 EUN 开关置于 OFF 状态，再按 RD/WR 键，使其出现 W 状态才可以修改。将光标移至 LD M8013，按 LD→M8002→GO→OUT→Y→0→GO 即可，修改后将 RUN 开关置于 ON 状态，再确认 Y000 是否 0.1s 闪烁一次。

(3)删除程序

在删除程序前，首先将 RUN 开关置于 OFF 位置，按 INS/DEL 交替键，使左上角出现 D 状态，再将光标移至指定元件，按 GO 键即可删除。

当程序删除后，应对删除后的程序进行检查，用↑键或↓键进行，直至正确为止。

按 GO 键，可删除行光标指定的指令，以后各步的步序号自动前提。如需继续删除读出程序附近的指令时，只需将行光标直接移到指定处按 GO 键即可。

附录 B FXGP-WIN 编程软件的使用

1. 软件介绍

(1)FXGP-WIN 编程软件的功能

FXGP-WIN 编程软件是三菱 FX 系列 PLC 专用的编程软件,其编程界面和帮助文档均已汉化,功能较强,在 Windows 98/2000/XP 系统下均可运行。FXGP-WIN 软件的主要功能有梯形图编辑、指令表编辑、SFC 编辑、注释编辑、寄存器编辑以及文件打印、PLC 操作、监控、检测和帮助等。

(2)FXGP-WIN 的启动和退出

安装好软件后,在计算机桌面上自动生成 FXGP/WIN-C 的图标,用鼠标双击该图标,可打开编程软件,如图 B-1 所示。执行菜单中[文件]→[退出],将退出编程软件。

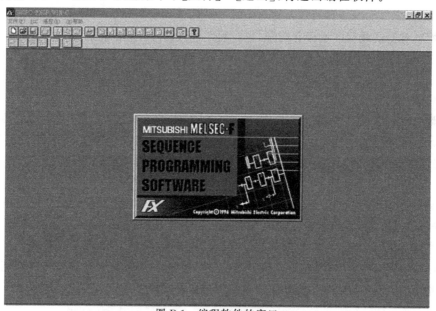

图 B-1 编程软件的窗口

执行菜单中[文件]-[新建],可创建一个新的用户程序,如图 B-2 所示,在弹出的窗口中选择 PLC 的型号后单击[确认],此时计算机屏幕的显示如图 B-3 所示。[文件]菜单中的其他命

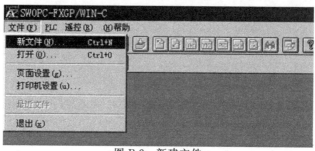

图 B-2 新建文件

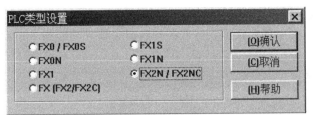

图 B-3 类型设置

令与 Windows 软件的操作相似,不再说明。

2. 梯形图程序的输入方法

FXGP-WIN 编程软件有两种录入程序的方法,分别是梯形图和语句表(指令)。梯形图比较直观,适合初学者,语句表录入速度较快,适合熟练者,读者可以根据自己的编程习惯选择程序的录入方法。

(1)采用梯形图方式时的编辑操作

采用梯形图编程是在编辑区中绘出梯形图,打开[文件]菜单项目中的新文件,主窗口左边可以见到一根竖直的线,这就是梯形图中左母线。蓝色的方框为光标,梯形图的绘制过程是取用图形符号库中的符号,"拼绘"梯形图的过程。在梯形图录入法中又有两种不同的录入法,即快捷键录入和键盘录入。

①快捷键录入法。例如要输入一个常开触点,可单击功能图栏中的常开触点,也可以在[工具]菜单中选[触点],并在下拉菜单中单击[常开触点]的符号,这时出现图 B-4 所示的对话框,在对话框中输入触点的地址及其他有关参数后单击"确认"按钮,要输入的常开触点及其他地址就出现在蓝色光标所在的位置。

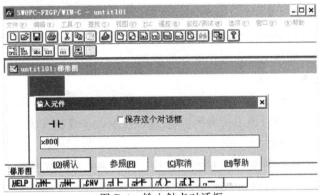

图 B-4 输入触点对话框

②键盘输入法。在梯形图编辑区定位光标,如图 B-5 所示,要在该位置输入 X10 常闭触点,则可在键盘上输入"LDI X1",也可键入"ANI X1"回车即可。

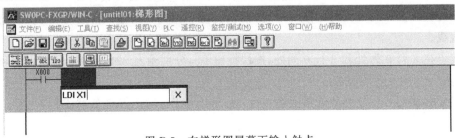

图 B-5 在梯形图屏幕下输入触点

如需输入功能指令时,单击工具菜单中的[功能]菜单或单击功能图栏及功能键中的功能按钮,即可弹出如图 B-6 所示的对话框。然后在对话框中填入功能指令的助记符及操作数,单击"确认"即可。

图 B-6　功能指令输入对话框

这里要注意的是,功能指令的输入格式一定要符合要求,如助记符与操作数间要空格,指令的脉冲执行方式中加的"P"与指令间不用空格,32 位指令需在指令助记符前加"D"且也不用空格。梯形图符号间的连线可通过工具菜单中的"连线"菜单选择水平线与竖线完成。另外还需注意,不论绘制什么图形,先要将光标移到需要绘制这些符号的地方。梯形图符号的删除可利用计算机的删除键,梯形图竖线的删除可利用菜单栏中[工具]菜单中的竖线删除。梯形图元件及电路块的剪切、复制和粘贴等方法与其他编辑类软件操作相似。还有一点需强调的是,当绘出的梯形图需保存时要先单击菜单栏中[工具]项下拉菜单的[转换]成功后才能保存,梯形图未经转换单击保存按钮存盘即关闭编辑软件,编绘的梯形图将丢失。

(2)采用指令表方式的编程操作

采用指令表编程时可以在编辑区光标位置直接输入指令表,一条指令输入完毕后,按回车键光标移至下一条指令,则可输入下一条指令。指令表编辑方式中指令的修改也十分方便,将光标移到需修改的指令上,重新输入新指令即可。

程序编制完成后可以利用菜单栏中的[选项]菜单项下"程序检查"功能对程序做语法及双线圈的检查,如有问题,软件会提示程序存在的错误。

3. 状态转移图的输入方法

绘制 SFC 图,首先要绘制整个 SFC 图的结构。单击[视图]菜单,单击[SFC]命令,便进入步进转移图编辑窗口。下面以图 B-7 为例说明 SFC 绘制的步骤和方法。

(1)SFC 整体结构的绘制

绘制 SFC 图,首先要绘制整个 SFC 图的结构。在图 B-7 可以按照如下的顺序进行:

①打开 FXGP-WIN/C 软件,新建一个文件,选择[视图]-[SFC]菜单进入 SFC 图编辑界面。

②光标处在 0 行 0 列处,按快捷键 F8,输入 Ladder 0。

③将光标移至 1 行 0 列处,按快捷键 F5,输入 S0 状态框和转换条件线。

④将光标移至 1 行 0 列处的最下一行,按快捷键 Shift+F6,输入并行分支线,该线为两条平行的直线。

⑤接着在 2 行 0 列处和 3 行 0 列处,按快捷键 F5,分别输入 S21 和 S22 的状态框和转换条件线。

⑥将光标移至 4 行 0 列处的最上面一行,按 Shift+F4,输入 S23 的状态框,注意此时不是按 F5。

⑦将光标移至 S22 状态框的下面一行,按 Shift+F9,可以输入向下的延长竖线,竖线长短

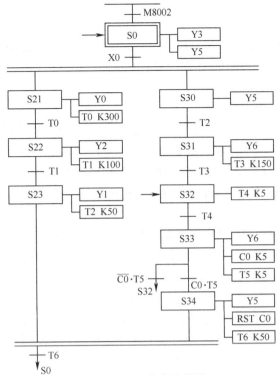

图 B-7 SFC 状态流程图

视第二分支的长度来定。至此,第一分支绘制完毕,下面绘制第二分支。

⑧将光标移至 2 行 1 列、3 行 1 列、4 行 1 列、5 行 1 列处,分别按 F5,输入 S30、S31、S32 和 S33 的状态框和转换条件线。

⑨将光标定位至 5 行 1 列的转换条件横线的上面一行,按 Shift+F6,输入一个选择分支。

⑩光标移至 6 行 1 列处,按 Shift+F4,输入 S34 的状态框。

⑪光标定位至 6 行 0 列处,按 Shift+F8,输入并行汇合线。

⑫光标定位至 7 行 0 列处,按 F6,输入一个跳转用的实心下三角。

⑬光标定位至 6 行 2 列处,按 F6,输入另外一个跳转符号。

⑭光标定位至 8 行 0 列处,按 F8,输入 Ladder 1。至此整个 SFC 图的结构已经绘制完毕,下面进行状态框的标记。

(2)状态框的标记

①将光标移至 1 行 0 列处,双击状态框,输入"S0",按回车键确定。

②然后使用同样的方法在其他状态框里输入相应的状态编号。

③将光标移至 7 行 0 列处,双击跳转符号,输入"S0",按回车键确定;按此法可以在 6 行 2 列处输入"S32"。至此,状态框标记完成,下面进行内置梯形图的编写。

(3)内置梯形图的编写

①将光标移至 Ladder 0 处,进入菜单[视图]—[内置梯形图],打开一个梯形图编辑界面,输入如下的指令:LD M8002;SET S0;然后点菜单[工具]—[转换],把灰色背景变成白色。

②进入菜单[视图]—[SFC]重新进入 SFC 编辑界面,发现 Ladder 0 前面的"*"已经消失,说明内置梯形图已经成功。

③在 SFC 编辑界面下,选中 S0 状态框,进入菜单[视图]—[内置梯形图],打开一个梯形图

编辑界面,输入相应的梯形图,然后转换。

④用同样的方法可以依次输入各个状态的内置梯形图。

⑤最后,将光标移至 Ladder 1 处,按照上面的方法进入内置梯形图编辑界面,输入 END 指令,然后转换。至此,内置梯形图的编写工作结束。

(4)转换条件的输入

①光标定位在 1 行 0 列框的转换条件横线处,进入菜单[视图]-[内置梯形图],打开一个梯形图编辑界面,在光标默认位置处输入 X0 的常开触点,然后转换确定。

②用同样的方法可以输入各个转换条件。

需要注意的是,如果转换条件有多个,如图 B-7 中 S33 到 S34 的转换条件 C0·T5,表示必须同时满足 C0 和 T5 两个条件才能进行转换,内置梯形图时可以将这两个常开触点串联。

(5)整个梯形图的转换

上面的工作完成以后,再在 SFC 编辑界面下转换一次,就可以完成整个梯形图的转换和连接,然后可以通过菜单[视图]-[梯形图]或者[视图]-[指令表]查看该 SFC 对应的 STL 梯形图或指令表。至此整个 SFC 的绘制工作全部完成。

4. 程序写入与监控

在执行程序的传送、运行时,要用通信电缆将计算机和 PLC 连接起来。

进行程序的传送时,RUN/STOP 开关置于 STOP 位置,程序的传送包括[读入]、[写出]和[核对]。

①[读入]:将 PLC 中的应用程序传送到计算机中。如图 B-8 所示,单击[PLC]-[传送]-[读入]菜单。

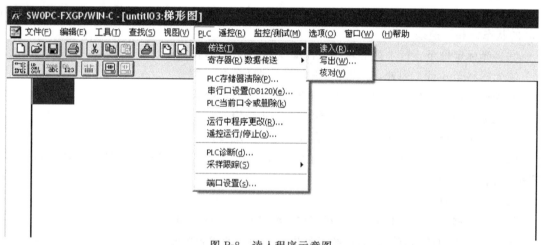

图 B-8　读入程序示意图

出现 PLC 类型设置对话框,选择所使用的类型,单击确认,则弹出读出程序对话框,而且显示读入的步数,如图 B-9 所示。

②[写出]:将计算机中的应用程序写入到 PLC 中。单击[PLC]-[传送]-[写出],如图 B-10 所示。

弹出 PC 程序写入对话框,可以选择所有范围或选择范围设置,单击确认,如图 B-11 所示。

③[核对]:将在计算机及 PLC 中的应用程序加以比较校验。

操作时应注意:计算机的 RS232C 端口及 PLC 之间必须用指定的缆线及转换器(专用)连

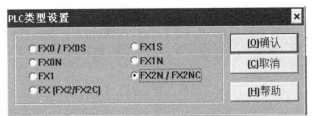

图 B-9　PLC 类型设置对话框

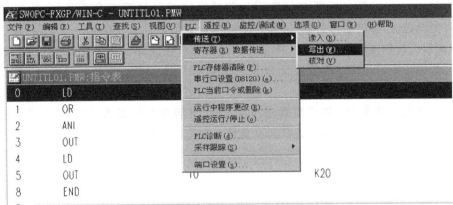

图 B-10　应用程序的写入

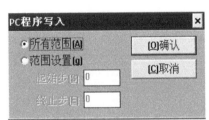

图 B-11　PC 程序写入

接；执行完［读出］后，PLC 模式被改变成被设定的模式，现有的应用程序被读入的程序所替代；在［写入］时，PLC 应停止运行，程序必须在 RAM 或 EE-PROM 内存保护关断的情况下写入，然后再进行校验。

5．监控操作

(1) 程序的监控

执行［监控/测试］－［开始监控］菜单操作命令，则在计算机梯形图屏幕上显示的程序的常闭触点呈绿色。运行程序时，被激活的线圈以及对应的触点呈绿色，如要结束监控，单击工具栏的停止监控键，或单击［监控/测试］－［停止监控］命令。

(2) 元件监控

执行［监控/测试］－［元件监控］菜单操作命令，屏幕显示元件登录监控窗口，在此登录元件，双击鼠标或按［Enter］键显示元件登录对话框；设置好元件及显示点数，再按确认按钮或［Enter］键即可。

(3) 强制 Y 输出

执行［监控/测试］－［强制 Y 输出］操作，出现强制 Y 输出对话框，设置元件地址及 ON/OFF，单击运行按钮或按［Enter］键，即可完成特定输出。

181

(4)强制 ON/OFF

执行[监控/测试]—[强制设置、重置]菜单命令,屏幕显示强制设置、重置对话框;在此对话框内设置元件 SET/RST,单击运行按钮或按[Enter]键,使特定元件得到设置或重置。

(5)改变当前值

执行[监控/测试]—[改变当前值]菜单选择,屏幕显示改变当前值对话框。在此对话框内选定元件及改变值,单击运行按钮或按[Enter]键,选定元件的当前值即被改变。

(6)改变设置值

在电路监控中,如果光标所在位置为计数器或定时器的输出命令状态,执行[监控/测试]—[改变设置值]菜单操作命令,屏幕显示改变设置值对话框。在此对话框内,设置待改变的值并单击运行按钮或按[Enter]键,指定元件的设置值被改变。如果设置输出命令的是数据寄存器,或光标正在应用命令位置并且 D、V 或 Z 当前可用,该功能同样可被执行。在这种情况下,元件号可被改变。

注意:本功能必须在 PC 机中的程序与在 PLC 中的程序一致且 PLC 的内存为 RAM 或 EEPROM 时才可执行。另外该功能仅仅在监控线路图时有效。

附录 C GX-DEVELOPER7 中文版编程软件

1. 软件介绍

GX Developer7 是三菱编程软件，适用于 Q 系列、QnA 系列、A 系列、FX 系列 PLC 的编程、调试、运行等。该软件能将编辑的程序转换成 GPPQ、GPPA 格式的文档，当选择 FX 系列时，还能将程序存储为 FXGP 格式的文档，可实现与 FXGP-WIN-C 软件的文件互换。

2. 梯形图程序的编辑

GX Developer7 软件使用起来灵活、简单、方便，使用时双击 GX Developer 图标，打开工程，选中新建，出现如图 C-1 所示画面，先在 PLC 系列中选出所使用的 CPU 系列，如选用 FX-CPU，PLC 类型是指选机器的型号，如选中 FX2N(C)，确定后出现如图 C-2 所示画面，在画面上可以清楚地看到，最左边是左母线，蓝色框表示现在可写入区域，上方有菜单，只需任意单击其中的元件，就可得到所要的线圈、触点等。

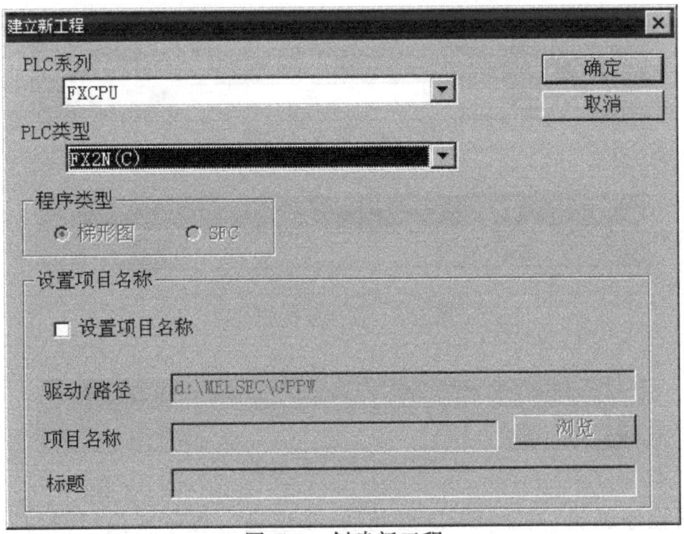

图 C-1 创建新工程

编辑时的基本操作步骤和 FXGP 编程软件类似。如要在某处输入 X000，只要把蓝色光标移动到所需要写的地方，然后在菜单上选中 ┤├ 触点，出现如图 C-3 所示画面。

再输入 X000，即可完成写入 X000。

如要输入一个定时器，先选中线圈，再输入定时器编号和定时时间，如图 C-4 所示。

对于计数器，输入复位指令部分，其操作过程如图 C-5 所示。

注意，在图 C-5 中的箭头所示部分，它选中的是应用指令，而不是线圈。输入计数器，操作过程如图 C-6 所示。

通过上面的举例可以知道，如果需要画梯形图中的其他线、输出触点、定时器、计时器、辅助继电器等，在菜单上都能方便地找到，再输入元件编号即可。打开菜单上的[帮助]，可找到一些快捷键列表、特殊继电器/寄存器等信息读者边学边练。

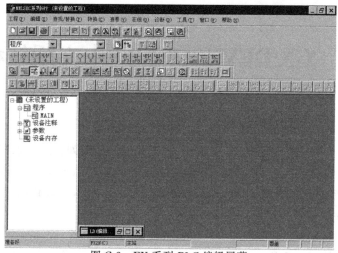

图 C-2 FX 系列 PLC 编辑屏幕

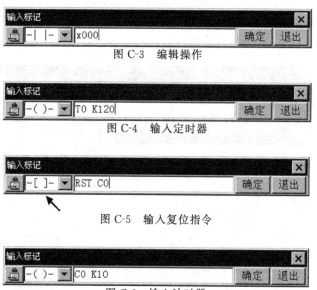

图 C-3 编辑操作

图 C-4 输入定时器

图 C-5 输入复位指令

图 C-6 输入计时器

当做完梯形图程序编辑,写上 END 语句后,必须进行程序转换,转换功能键有两种,在图 C-7 中箭头所示位置。

在程序的转换过程中,如果程序有错,它会显示,也可通过菜单[工具],查询程序的正确性。

3. 状态转移图的编辑

下面以图 C-8 所示的 SFC 为例,介绍在 GX Developer 软件中进行 SFC 绘制的步骤和方法。

(1) SFC 文件创建

GX Developer 软件运行后,单击[工程]中的"创建新工程",在"创建新工程"对话框中选定好"PLC 系列"、"PLC 类型"和"程序类型"后,单击"确定"。注意:程序类型一定要选 SFC。如图 C-9 所示,单击确定后,则出现图 C-10 所示"块标题"和"块类型"定义框。

(2) 定义"块标题"和"块类型"

绘制 SFC 图需要先定义"块标题"和"块类型",见图 C-10。

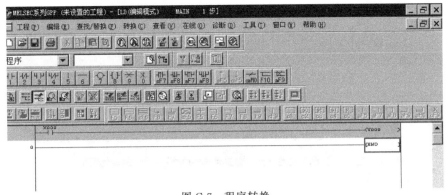

图 C-7 程序转换

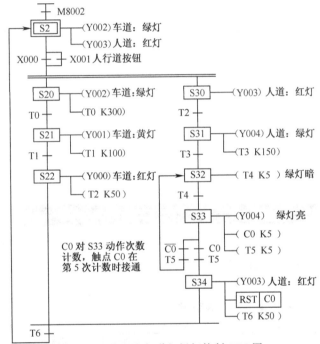

图 C-8 按钮人行道红绿灯控制 SFC 图

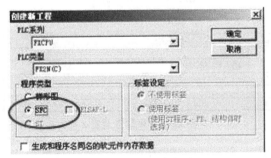

图 C-9 SFC 文件创建

双击 0 行,出现图 C-11 所示对话框,在块标题中输入初始块,块类型中选择梯形图块,单击执行即可,同理,在 1 行输入相应内容,如图 C-12 所示。

①初始块:从开始处到初始状态(图 C-8 中从最上端到 S2 处)。初始块的块类型一定是梯

图 C-10 块标题和块类型

图 C-11 块信息设置 1

图 C-12 块信息设置 2

形图,否则程序运行会出错。

②SFC 块:从初始状态开始的整个控制块(图 C-8 中 S2 处以后部分)。SFC 块的块类型为 SFC。

(3)SFC 整体结构的绘制

定义好块标题和块类型后,双击图 C-8 中块标题 1,进入 SFC 图编辑区和运行输出/转移条件程序编辑区。绘制按钮人行道红绿灯控制 SFC 的绘制过程如下：

①将光标移至(3,1),单击 SFC 符号工具栏中按钮,水平拖动鼠标适当距离(本文中水平移动 1 个距离)输入并行分支线。

②接着在(4,1)处,单击 SFC 符号工具栏中按钮,输入 S20 状态框。

③接着在(5,1)处,单击 SFC 符号工具栏中按钮,输入转换条件线。

④按照②、③中方法,分别将光标移至(7,1)、(8,1)、(10,1)、(4,2)、(5,2)、(7,2)、(8,2)、(10,2)、(11,2)(13,2)处,分别输入 S21、S22、S30、S31、S32、S33 的状态框和相应转换条件线。

⑤将光标移至(14,2)处,单击 SFC 符号工具栏中按钮,水平拖动鼠标适当距离(本文中水平移动 1 个距离)输入选择分支线。

⑥分别将光标移至(15,2)(15,3)处,按照③中方法,输入转换条件线。

⑦将光标移至(16,2)处,按照②中方法,输入 S34 的状态框。

⑧将光标移至(16,3)处,单击 SFC 符号工具栏中按钮,输入跳转符号 S32。非连续状态转移(即跳转处理)一定先画选择分支线,再画转移条件,最后画跳转和跳转的具体状态步(步符号)。

⑨将光标移至 S22 状态框的下面一行,单击,向下拖动光标至(16,1)即画出一条竖线。竖线长短视第二分支的长度来定,否则画汇合分支时会出现问题。

⑩将光标移至(17,1)处,单击按钮,水平拖动鼠标适当距离(本文中水平移动 1 个距离)画出并列合并线。

⑪将光标依次移至(18,1)(19,1)处,按照上述讲到的方法画出转移条件线和跳转符号(跳转步号为 0)。至此整个 SFC 图的结构就绘制完毕。

(4)状态框的标记

状态框的标记需要注意两个问题。①SFC 的起始状态要从 S0～S9 选择初始状态;②SFC 的通用状态一定要从 S20～S499 选择,通常从 S20 开始,并且按照从小到大进行标记。

首次绘制状态框时,单击后会自动出现一个对话框,输入需要填入的步号即可;重新编辑状态框标记,要双击对应的状态框,然后修改原来的步号。

(5)运行输出/转移条件程序编写

运行输出/转移条件程序编写是为了确定 SFC 中的每步输出动作及各步的转移条件,其编写的正确与否关系到 SFC 能否正常运行。

①将光标移至图 C-12 中块标题 N0.0 块(初始块)双击后,打开一个梯形图编辑界面,输入如下的指令:LD M8002;SET S0;然后按 F4 转换,把灰色背景变成白色。

②将光标移至图 C-12 中块标题 N0.1 块(按钮人行道控制)双击后重新进入 SFC 编辑界面,在 SFC 编辑界面下,选中 S2 状态框,在运行输出/转移条件程序编辑区(界面中右侧部分),输入相应的梯形图,然后按 F4 转换。S2 状态的输出梯形图如图 C-13 所示。

③用同样的方法可以依次输入各个状态步相应的梯形图程序。

④在 SFC 图标编辑区,将光标定位在(2,1)处,即图 C-8 中转移条件线 0,然后在运行输出/转移条件程序编辑区,输入相应的转移条件梯形图,最后按 F4 转换;转移条件线 0 处的梯形图程序如图 C-14 所示。

⑤用同样的方法可以输入其他各个转换条件程序。

(6)几点注意的问题

①在 GX Developer 中绘制的 SFC 和一般教科书上绘制的 SFC 是有区别的:GX Developer

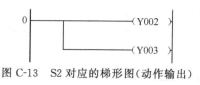

图 C-13 S2 对应的梯形图（动作输出）

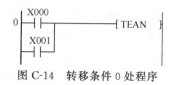

图 C-14 转移条件 0 处程序

中绘制的转移线（即转移条件），在相邻步之间只画一个；另外，SFC 图绘制和对应各步输出程序和转移条件程序在 GX Developer 中是分开编辑的。

②如果转换条件有多个，如图 C-8 中 S2 到 S20、S30 的转换条件，S33 到 S32 跳转条件等。在 GX 中绘制时只能画一条标志线，因此在 GX 右侧梯形图编辑区输入时，S2 到 S20、S30 的转换条件需要将 X0/X1 两个常开触点并联，而在 S33 到 S32 跳转条件处是将 T5 的常开触点和 C0 的常闭触点串联。图 C-14 是图 C-12 中 0 线的转移条件梯形图。

③每步动作输出和每个转移条件编辑完成后，都要按 F4 进行变换，所有工作编辑完成后还要进行全变换（按 Alt＋Ctrl＋F4，GX 软件自动编辑所有程序），如果全变换没有出错，说明 SFC 的绘制工作全部完成，整个程序运行没有问题，可以进行随后的仿真或运行控制。

4. 程序写入与监控

（1）程序写入

只有当梯形图转换完毕才能进行程序的传送，传送前，必须将 FX2N 面板上的开关拨向 STOP 状态，再打开"在线"菜单进行传送设置，如图 C-15 所示。

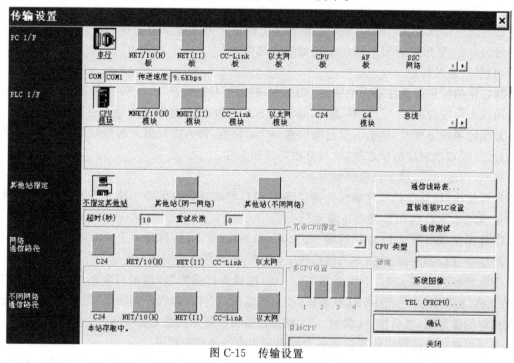

图 C-15 传输设置

根据图 C-15 所示，必须确定 PLC 与计算机的连接是通过 COM1 口还是 COM2 口，要进行设置选择。

梯形图程序编辑完成后，在菜单上还是选择"在线"，选中"PLC 写入"，就出现图 C-16 所示对话框。

单击"MAIN"，再单击"执行"，则弹出"是否执行 PLC 写入"对话框，单击"是"，之后显示

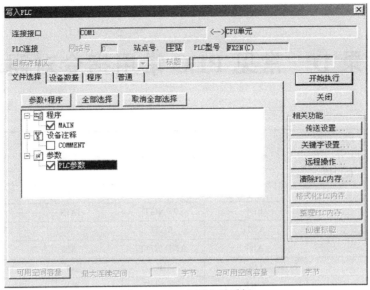

图 C-16　PLC 写入对话框

PLC 写入过程。PLC 写入结束,单击"确定",最后单击"关闭"。将 PLC 的 ON/OFF 开关置于 ON,程序即可运行。

(2)程序的在线监控

单击在线菜、监视命令,则在计算机梯形图屏幕上显示的程序的常闭触点呈绿色。运行程序时,被激活的线圈以及对应的触点呈绿色。

附录 D　常见 PLC 常用指令对照表

指令名称 \ 助记符 \ PLC 机型	三菱 FX2N	欧姆龙 CPM1A	西门子 S7-200	松下 FP-X
取	LD	LD	LD	ST
取反	LDI	LD NOT	LDN	ST/
与	AND	AND	A	AN
与非	ANI	AND NOT	AN	AN/
或	OR	OR	O	OR
或非	ORI	OR NOT	ON	OR/
电路块与	ANB	AND LD	ALD	ANS
电路块或	ORB	OR LD	OLD	ORS
输出	OUT	OUT	=	OT
上升沿微分	PLS	DIFU	EU	DF
下降沿微分	PLF	DIFD	ED	DF/
置位	SET	SET	S	SET
复位	RST	RSET	R	RST
保持	—	KEEP	—	KP
传送	MOV	MOV	MOV	MV
位右移	SFTR	—	SHR	LRSR
位左移	SFTL	SFT	SHL	LRSR
单字比较	CMP	CMP		CMP
主控	MC	IL	—	MC
主控结束	MCR	ILC		MCE
跳转	CJ	JMP	JMP	JP
跳转结束(标号指令)		JME	LBL	LBL
定时器	—	TIM	TON、TOF、TONR	TMR、TMX、TMY
计数器		CNT	CTU、CTD	CT
递增	INC	INC	INC	
递减	DEC	DEC	DEC	
触点比较(字节比较)	LD=LD<>LD> LD>=LD<LD<= AND=AND<> AND>AND>= AND<AND<= OR=OR<>OR> OR>=OR<OR<=	—	LDB==LD<>LDB> LDB>=LDB<LDB<= AB==AB<>AB> AB>=AB<AB<= OB==OB<>OB> OB>=OB>OB<=	ST=ST<>ST> ST>=ST<ST<= AN=AN<>AN> AN>=AN<AN<= OR=OR<>OR> OR>=OR<OR<=

附录 E 常用电气图形与文字符号

符号摘自:(GB/T 4728.7—2000)

类别	图形符号	名称及说明	类别	图形符号	名称及说明
开关		单极控制开关(SA)	按钮		常开按钮(不闭锁)(SB)
		手动开关一般符号(SA)			常闭按钮(SB)
		旋钮开关、旋转开关(闭锁)(QS)			复合按钮(SB)
		三级控制开关(QS)			急停按钮(SB)
		三级隔离开关(QS)			钥匙操作按钮(SB)
		三级负荷开关(QS)	接触器		线圈(KM)
位置开关		常开触头(SQ)			常开辅助触头(KM)
		常闭触头(SQ)			常闭辅助触头(KM)
		复合触头(SQ)			常开主触头(KM)

(续)

类别	图形符号	名称及说明	类别	图形符号	名称及说明
热继电器		热元件(FR)	时间继电器		通电延时线圈(KT)
		常闭触头(FR)			断电延时线圈(KT)
中间继电器		线圈(KA)			瞬时常开触头(KT)
		常开触头(KA)			瞬时常闭触头(KT)
		常闭触头(KA)			延时断开常开触头(KT)
电流继电器	I>	过电流线圈(KA)			延时闭合常闭触头(KT)
	I<	欠电流线圈(KA)			延时闭合常开触头(KT)
		常开触头(KA)			延时断开常闭触头(KT)
		常闭触头(KA)	接地		接地一般符号(PE)
熔断器		熔断器(FU)			保护接地(PE)

(续)

类别	图形符号	名称及说明	类别	图形符号	名称及说明
电压继电器	U<	过电压线圈(KA)	信号灯	⊗	信号灯(L)
	U<	欠电压线圈(KA)			闪光型信号灯(L)
		常开触头(KA)	电磁阀		电磁阀
		常闭触头(KA)	传感器		接近传感器
电动机	M 3~	三相笼形异步电动机			接近传感器方框符号 示例：固体材料接近时改变电容的接近检测器
	M 3~	三相绕线转子异步电动机			接触传感器
	M	励直流电动机			接触敏感开关动合触头
	M	并励直流电动机			接近开关动合触头
	M	串励直流电动机			磁铁接近动作开关动合触头
蜂鸣器		蜂鸣器		Fe	铁接近动作开关动合触头
电铃		电铃			光电开关动合触头

(续)

类别	图形符号	名称及说明	类别	图形符号	名称及说明	
管路、管路连接和接头		工作管路 电气线路	控制方法		不指名控制方法	人力控制
		控制管路 排气管路			按钮式	
		连接管路			按钮式	
		交叉管路			按—拉式	
		柔性管路			手柄式	
		不带连接螺纹			单向踏板式	
		带连接螺纹			双向踏板式	
		排气口				
		封闭气口			顶杆式	机械控制
		连续放气			可变行程控制式	
		间断放气			弹簧控制式	
		放气装置				
		单向放气			滚轮式	
		不带单向阀			单向滚轮式	
		快换接头			单作用电磁铁	电气控制
		带单向阀			双作用电磁铁	

(续)

类别	图形符号	名称及说明		类别	图形符号	名称及说明	
泵、马达		气泵		控制方法		加压或泄压控制	气压控制
		单向	定量马达			差动控制	直接控制
		双向				内部压力控制	
		单向	变量马达			外部压力控制	
		双向				加压控制	先导控制
		摆动马达				泄压控制	
汽缸		不带弹簧				内部先导控制	顺序控制
		弹簧压出	带弹簧	单作用汽缸		外部气压先导控制	复合控制
		弹簧压回				选择控制	
		伸缩缸				单向	缓冲汽缸
		单活塞杆	双作用汽缸	汽缸		双向	
		双活塞杆				伸缩缸	

(续)

类别	图形符号	名称及说明		类别	图形符号	名称及说明
方向控制阀		单向阀		压力控制阀		溢流阀
		快速排气阀				减压阀
		常通	二位二通			顺序阀
		常断				不可调节流阀
		常通	二位三通	速度控制阀		可调节流阀
		常断				减速阀
		二位四通				可调单向节流阀
		中间封闭式	三位四通	气动辅助元件及其他		气压源
		中间加压式				气罐
		中间泄压式				蓄能器
		二位五通				冷却器
		三位五通				过滤器

(续)

类别	图形符号	名称及说明		类别	图形符号	名称及说明	
气动辅助元件及其他	◇	人工排除	空气过滤	气动辅助元件及其他		单程作用	气液转换器
	◇	自动排除				连续作用	
	◇	人工排除	除油器		⊗	压力指示器	
	◇	自动排除				压力计	
	◇	油雾器				压差计	
		气动三联件（简化符号）				温度计	
		消声器				流量计	

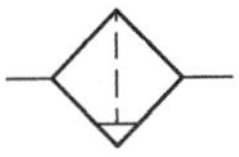

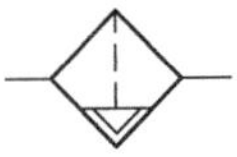

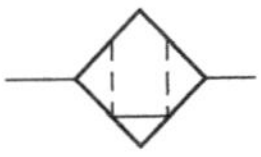

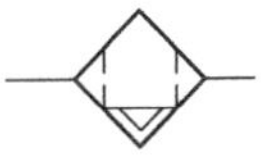

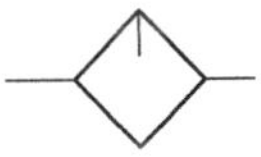

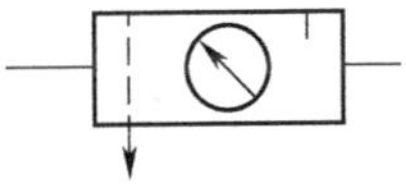

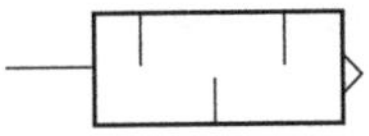

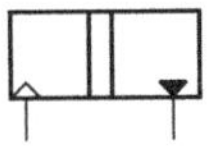

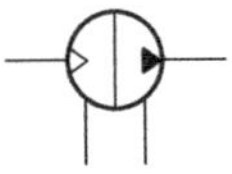

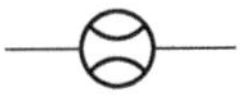

197